湖泊水质目标风险管理研究

梁中耀　刘　永　著

科学出版社

北京

内 容 简 介

水质目标管理是"水十条"的重要内容，也是当前和未来很长一段时间内衡量我国水环境治理与管理成效的关键。但在实际的决策与管理过程中，仍然普遍面临着流域总量减排显著，但河湖水质的实际改善效果与总量减排预期不对应的挑战，且难以在机理上进行定量解释。本书据此提出了湖泊水质目标风险管理的理论体系和3个关键步骤，识别出其中的4个主要风险来源。根据不同步骤中的风险来源，重点探究了面向管理的水质达标评价方法、基于模型选择的响应动态性识别方法及基于扰动分析的响应非线性和时滞性识别方法等。以典型案例为研究对象，识别了重点研究湖泊水质目标管理中潜在的风险及成因，提出了针对性的政策建议。

本书可供环境科学、生态学和湖沼学等学科的科研人员、高等院校师生参考。

图书在版编目（CIP）数据

湖泊水质目标风险管理研究 / 梁中耀，刘永著. —北京：科学出版社，
2019.11

ISBN 978-7-03-062693-6

Ⅰ.①湖… Ⅱ.①梁… ②刘… Ⅲ.①湖泊－水质管理－研究
Ⅳ.①X32

中国版本图书馆 CIP 数据核字（2019）第 233825 号

责任编辑：张　震　孟莹莹　程雷星 / 责任校对：彭珍珍
责任印制：吴兆东 / 封面设计：无极书装

科 学 出 版 社 出版
北京东黄城根北街 16 号
邮政编码：100717
http://www.sciencep.com

北京九州迅驰传媒文化有限公司 印刷
科学出版社发行　各地新华书店经销
*

2019 年 11 月第 一 版　开本：720 × 1000　1/16
2020 年 1 月第二次印刷　印张：13　插页：1
字数：260 000

定价：99.00 元
（如有印装质量问题，我社负责调换）

前　言

"十三五"期间,我国的水环境治理与保护进入攻坚阶段。2015 年国务院发布的《水污染防治行动计划》("水十条"),2017 年环境保护部、国家发展和改革委员会、水利部联合印发的《重点流域水污染防治规划(2016—2020 年)》及 2018 年召开的全国生态环境保护大会中,均将改善水环境质量作为首要或重要目标。改善水环境质量是我国当前和未来水环境管理工作的重中之重,但其实施却面临挑战,流域总量减排与水环境质量改善间有关联,但其响应关系并不明确。水质目标管理是解决上述难题的关键;然而国内外实践表明,水质目标管理中具有水质改善预期与实际效果存在偏差的可能性。尤其是对湖泊而言,由于存在累积性效应,水质改善的难度相对更大。能否识别和定量化上述偏差,成为能否顺利实现水质改善目标、提高水环境管理有效性的关键因素。

多年来,本研究团队一直致力于湖泊水环境管理方面的研究,在滇池、异龙湖、邛海和抚仙湖等地进行了大量探索。在此过程中,笔者逐渐发现水质改善预期与实际效果存在的偏差对管理决策的有效性具有重要影响,应当纳入管理框架中。据此,将这种偏差存在的可能性定义为水质目标风险。综合多个已有的研究案例,笔者在 2013 年 11 月中国环境规划 40 年发展学术研讨会上首次系统地提出了水质目标风险的潜在来源,包括直接来源和间接来源两个类别。在此基础上,将水质目标风险纳入水质目标管理的各个关键环节,并重点以湖泊为研究对象,在湖体层面提出了湖泊水质目标风险管理的概念,以此展开了理论探讨;对各种来源风险的表现形式和识别方法进行了深入研究,就科学合理的风险来源识别(包括识别风险来源是否存在及定量表征)进行了方法探索和案例研究,以期提高我国水环境管理的有效性,更好地服务于国家水环境管理的战略需求。

本书提出了湖泊水质目标风险管理的 3 个关键步骤,即水质达标评价、水质基准的建立和负荷削减决策,识别出其中的 4 个主要风险来源,即水质变量的不确定性、响应关系的动态性、响应关系的非线性与响应关系的时滞性。根据不同步骤中的风险来源,本书提出了湖泊水质目标风险来源的识别方法,并进行了案例研究。①在水质达标评价中,针对已有方法未纳入成本维度而不能为判定水质是否达标提供与成本相关的定量信息的问题,结合水质变量的不确定性,提出了面向管理的水质达标评价方法。②在营养盐基准的制定中,针对已有研究未考虑响应动态性或未对动态模型合理性进行验证的问题,通过设定动态模型和非动态模型并进行模型筛选，提出了基于模型选择的动态性识别方法。③在负荷削减决策中，针对情景分析无法将特定时段负荷削减效果定量化的问题，提出了基于模拟的扰动分析法，根据营养盐在湖体的迁移转化过程定义了 3 个表观通量指数，即表观输入率、表观效用率和表观循环率，用于定量表征外源负荷削减对湖体营养盐存量的影响。

上述研究发现：①在湖泊水质达标评价中，应纳入成本维度，以期进行损失最小的达标决策；对成本比值而言，可采用"范围→估算→核算"的思路进行，以提高方法的实用性。②统一的湖泊营养盐基准已不能满足湖泊水质目标管理的需求，建立营养盐基准时，应在大量湖泊长时间监测数据的基础上，首先确定合理的营养盐基准尺度。③在流域负荷削减决策中，湖泊水质对负荷削减具有明显的非线性和时滞性响应特征，建议注重对湖泊系统弹性的研究，以采取更有针对性的污染防治措施。

湖泊水质目标风险管理研究范围广且方法新，希望本书的出版能够推动相关人员在该领域的理论、方法与实证等方面广泛开展研究，并促进更多相关问题的提出、发掘、探讨与解决，从而更好地为国家水环境管理的决策服务。

本书的研究与写作过程中，作者得到了北京大学郭怀成教授、邹锐博士、张晓玲博士，中国环境科学研究院王丽婧研究员，美国托莱多大学 Song S. Qian 教授，美国密歇根州立大学 Patricia A. Soranno 教授等的指导和协助，在此由衷地对他们的支持表示感谢！本书出版得到了国家自然科学基金项目（51721006）、国家重点基础研究发展计划（973 计划）青年科学家专题项目（2015CB458900）经费的资助。

本书是北京大学流域科学实验室（Peking University Watershed Science Laboratory）的成果之一，敬请访问我们的主页 http://www.pkuwsl.org/，以了解更多的内容及流域科学最新研究进展。由于作者的知识和经验有限，加之相关研究尚处于起步阶段，书中难免出现疏漏，殷切希望各位同行能不吝指正。

作　者
2018 年 10 月于燕园

目　　录

第1章 绪 论

1.1 研究背景、目的与意义

1.1.1 研究背景

随着经济的高速增长，我国面临着严峻的环境污染形势（Song et al., 2017; Han et al., 2016; Teng et al., 2014）。《2017 中国生态环境状况公报》显示：全国地表水 1940 个水质断面（点位）中，劣于Ⅲ类水质的占 32.1%，其中属于Ⅳ、Ⅴ类水质的占 23.8%，属于劣Ⅴ类水质的占 8.3%；全国 31 个省（自治区、直辖市）223 个地市级行政区的 5100 个监测点中（港澳台数据暂缺），水质为较差和极差级别的分别占 51.8% 和 14.8%。

自 20 世纪 70 年代开始，我国就十分重视水污染的防治工作。"九五"期间，开始对淮河流域进行大规模的治污，编制实施了"三河三湖"重点流域水污染防治规划，开展实施"一控双达标"。"十一五"以来，先后把化学需氧量（COD）和氨氮（NH_3-N）的排放总量削减作为经济社会发展的约束性指标，水污染防治的财政投入也不断地增加（逯元堂等，2012）。水污染防治的一系列举措，对遏制水污染的加剧，改善总体水质起到了重要作用。从全国尺度来看，自 2006 年开始，劣于Ⅲ类的水质监测断面比例逐年减少，高锰酸盐指数（COD_{Mn}）和氨氮的浓度有下降趋势（Zhou et al., 2017）。然而，我们必须清醒地认识到，在一些重点流域，如滇池（李根保等，2014；梁中耀等，2014）、巢湖（唐晓先等，2017；张民和孔繁翔，2015）、太湖（戴秀丽等，2016）和淮河（李凯等，2017）、海河（韩雪等，2016）、辽河（李延东和武暐，2016）等，水质仍未得到根本性改善。

当前，我国的水污染防治面临着总量减排与质量改善不对应的难题（王金南等，2015，2010），这种客观事实绝非对水污染防治效果的误解或者误读。我国政府和社会各界对水污染防治做出的巨大努力是客观事实，而水质没有得到根本改善也是客观事实。上述难题产生的关键因素在于以往的总量控制思路忽视了水质改善与污染物负荷削减之间的定量响应关系（Garcia et al., 2016; Wang et al., 2014; White et al., 2010），因而对负荷削减引起的水质改善状况缺乏科学的预期，导致决策者对于水质将于何时改善到何种程度缺乏科学的判断。

水污染防治必须以水质为核心，以水质改善指导流域的污染防控（吴舜泽等，2014），以保护和改善生活环境和生态环境为目的。被称为"史上最严"的《中华人民共和国环境保护法》于2015年1月1日开始实施（贾峰，2016）；2015年4月2日，国务院印发的《水污染防治行动计划》中明确了水污染防治以改善水环境质量为核心的总体要求，提出了到2020年和2030年水质分别得到阶段性改善和总体改善的工作目标，标志着我国水环境保护进入以质量改善为核心的新时期（王东等，2017；吴舜泽等，2015）；2016年11月24日，国务院印发的《"十三五"生态环境保护规划》也以提高环境质量为基本主线（吴舜泽和王倩，2017）。2018年召开的全国生态环境保护大会强调要加快建立健全"以改善生态环境质量为核心的目标责任体系"；2018年6月公布的《中共中央 国务院 关于全面加强生态环境保护 坚决打好污染防治攻坚战的意见》提出"以改善生态环境质量为核心"的基本原则。上述政策文件对水质目标管理提出了很高的要求。

在技术层面上，流域水污染防治的总量控制技术始于"九五"期间的浓度总量控制，后来发展为控制允许排放污染物负荷总量的目标总量控制。时至今日，总量控制的思路已经由以往的目标总量控制转变为面向环境质量改善的容量总量控制（王金南等，2015）。根据容量总量控制的要求，研究者提出了水质目标管理模式的基本内涵和技术体系，并在一些流域开展了以改善水质为目标的管理实践（单保庆等，2015；Wang et al.，2014）。水质目标管理已成为以水质为核心的水污染防治思路落地实施的关键技术。

湖泊具有"易污染、难恢复、高敏感性"的特征。由于湖泊一般位于流域的下游，是流域工农业废水和生活污水的最终受纳水体，因而易受到污染。对于已受污染的湖泊，底泥是污染物内源负荷的重要来源，湖泊系统复杂的结构使得其对流域外源负荷削减的响应过程极为复杂，降低了外源负荷削减对水质改善的效果，加大了湖泊恢复的难度（Genkai-Kato and Carpenter，2005）。与其他水体类型（水库、河流、湿地等）相比，湖泊的流速较小，水力停留时间较长，污染物在湖泊中迁移缓慢而可停留更长的时间，导致湖泊具有更高的敏感性（Cotovicz et al.，2013）。我国湖泊水环境形势严峻。根据《2017中国生态环境状况公报》，112个重要湖泊（水库）中，劣于III类的占37.5%，其中劣V类的占10.7%；109个监测营养状态的湖泊（水库）中，轻度富营养的有29个，中度富营养的有4个。一些湖泊发生了由"清水草型"向"浊水藻型"的稳态转换，或者已经长期处于"浊水藻型"稳定状态，蓝藻水华暴发也时有发生（郭怀成等，2013a）。

尽管在进行水污染防治时，实施水质目标管理已经成为国内外研究人员的共识（邹锐等，2018；程鹏等，2016；Brady，2004），然而国际实践表明，根据水质目标管理的一般思路进行污染防治，仍然存在水质状况预期与水质实际状况具有较大偏差的可能性。例如，美国的伊利湖在20世纪60年代处于严重的富营养

化状态，1978 年的《大湖水质协议》为流域总磷（TP）削减制定了目标，水质
开始改善；然而从 20 世纪 90 年代开始湖泊富营养化问题再度出现（Scavia et
al.，2014），在 2011 年和 2012 年接连发生了大规模的蓝藻水华和低氧事件（Zhou
et al.，2015；Michalak et al.，2013）。Thompson 等（2017）总结世界范围内的著
名河流修复工程效果时指出，尽管大量的经济和社会资源不断地投入，但河流却
未恢复到预期的状态。

　　据此，本书提出水质目标风险的概念，将其定义为水质状况预期与水质实际
状况存在偏差的可能性。在环境科学领域中，对于不同的研究对象，风险具有不同
的含义（表 1.1）。尽管不同概念强调的内容有差异，但均包括了风险定义的两个基
本要素：可能性和事件后果。例如，在水质风险中强调超标的可能性，用超标概率
表达，而事件后果则为水质超标。同样地，本书定义的水质目标风险也包括上述两
个基本要素（事件后果为偏差大小）。将水质目标风险纳入水质目标管理的各个主
要环节，在各个环节中识别水质状况预期与实际状况存在偏差的来源，将这种偏
差定量化，并揭示其对决策的影响，即为水质目标风险管理。

表 1.1　环境科学领域中风险的内涵

概念	含义
环境风险	由自然或人为原因导致的对人类社会或自然环境产生破坏、损害乃至毁灭性作用的事件发生的概率及其后果（毛小苓和刘阳生，2003）
人体健康风险	污染物使得人体患病或者致死的可能性，用一定数量人口出现癌症患者的个体数表示，通常包括非致癌风险和致癌风险（常静等，2009）
生态风险	污染物对生态系统威胁的大小，可用反映污染物污染程度（超标倍数或超标概率）的潜在风险指数表示（孙德尧等，2018；倪玲玲等，2017），也可用反映风险源和受体特征的综合指标表示（赵颢瑾等，2018；赵钟楠和张天柱，2013）
水风险	由自然因素和人类活动导致的与水有关的风险，可分为物理风险、监管风险和声誉风险（唐登勇，2018）
水质风险	水质超标的可能性（邹锐等，2013），如水体富营养化风险（武曀等，2017）
决策风险	优化模型中最优解（集）违背约束条件的可能性（陈星等，2012）
事故风险	突发环境污染事故发生的可能性及其危害程度（薛鹏丽和曾维华，2011）

　　由于湖泊系统的复杂性，水质目标风险有多种来源。综合水生生态系统恢复
的相关理论和研究，可归纳为如下几个方面：①水质目标的定义含糊不清，缺乏
明确的含义。例如，欧盟水框架指令（Water Framework Directive，WFD）中对水
质级别的划分为描述性的，而缺乏对水质状态的定量表述（EC，2000）。②忽视
系统的不确定性。湖泊系统具有高度的复杂性，模型不可能完全真实地模拟其行
为，监测数据、模型结构和模型参数均会存在不确定性（Page et al.，2012），对
系统认知的不充分和对模型精确度的高估往往会导致错误的预期（Harris and

Heathwaite，2012）。特别地，尽管水质监测过程的实验误差可以被很好地处理，水质变量的时空变异性却经常被忽视；因而，污染防治措施的效果通常被错误地评价，导致水质恢复的时间或效果与预期不符（Gronewold and Borsuk，2010）。③忽视了响应关系的动态性特征。环境的复杂变化，可能导致响应关系的时间动态变化；驱动因子的时空异质性也可能导致响应关系的时空动态性，忽视响应关系的动态性可能导致决策偏差。例如，Obenour 等（2015）研究了美国伊利湖藻类生物量对 TP 负荷的响应关系，发现藻类生物量对 TP 负荷的敏感性具有逐年增加的趋势。④缺乏对系统状态变量间非线性响应的认知（Nõges et al.，2009）。若将非线性响应关系简化为线性关系，则响应关系的非线性部分会被作为不确定性进入残差中，从而增加响应关系的不确定性，使得对水质变化产生错误的预期。⑤忽视了响应变量对预测变量的响应时滞。生态系统的状态变量的状态通常会受之前状态的影响（Ogle et al.，2015）。根据关注的主体不同，响应的时滞性可表述为响应变量本身的记忆效应和响应变量对预测变量响应的时滞效应，初始状态和时滞效应对决定响应变量的动态变化具有重要作用（Ogle et al.，2015；Meals et al.，2009）。因而在流域污染物负荷决策时忽视响应的时滞性可能会对污染防治效果产生错误的预期。⑥气候变化可能使得研究者关注的水质问题具有加剧的趋势（Thompson et al.，2017），导致防治效果不明显。以湖泊富营养化为例，全球变暖导致的水温上升、温度分层及局部干旱，都会促进蓝藻水华的暴发（Xiao et al.，2018；Marieke et al.，2013；Carvalho et al.，2011 ），影响流域污染防治的效果。

根据国内外的研究实践，本书归纳出湖泊水质目标风险管理的 3 个关键步骤，分别为水质达标评价、水质基准建立和负荷削减决策（详见 1.2.1 节）。在不同的风险来源中，水质目标的定义依赖于规范制定部门予以明确，在较短的时间尺度下气候变化的影响甚微，因而本书主要考虑如下 4 个风险来源：变量的不确定性、响应的动态性、响应的非线性和响应的时滞性。水质目标风险管理中水质状况预期与水质实际状况的偏差可能源于两个因素：对水质实际状况的不合理评价和对水质的不合理预期。

不同的水质目标风险管理步骤对应的风险来源及其后果可总结为图 1.1。水质达标评价是决定是否应该进行污染防治或改变污染防治强度，评估污染防治效果的关键。在水质达标评价实践中，水质变量存在时空变异性，而常规监测不能获得湖泊在任意时刻和全部点位的水质状况，因而只能采用有限的监测数据对湖泊水质进行推断。水质变量的时空变异性对科学地认知湖泊水质状况提出了挑战（Qian，2015），水质达标评价与污染防治成本、污染损失成本紧密相连（Field et al.，2004），而现有的水质达标评价方法尚不能纳入成本，无法为水质达标评价决策提供定量信息。如何将水质变量的时空变异性和污染防治成本、污染损失成本纳入水质达标评价中是当前亟待解决的问题。

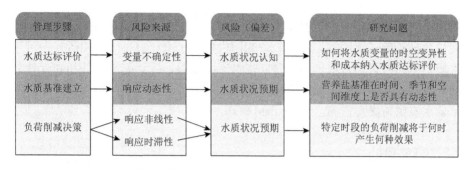

图 1.1 管理步骤对应的风险来源及其后果

水质基准是进行水质目标风险管理的基础，是联系管理终点（如浮游植物密度或沉水植被盖度等）和负荷削减之间的纽带（Huo et al.，2017）。以营养盐的生态学基准为例，管理终点与营养盐之间的响应关系在时间、季节和空间维度上可能存在动态性，可能影响统一性营养盐基准的适应性。我国当前正在大力推进区域性营养盐基准的建立工作，然而其相对于统一性营养盐基准和专一性营养盐基准的合理性尚未得到科学论证。因此根据管理终点与营养盐之间的响应关系，识别营养盐基准的动态性特征对于建立科学合理的营养盐基准具有重要意义。

负荷削减决策是联系湖体水质与流域污染防治的重要环节。湖泊水质对负荷削减响应的非线性和时滞性特征可能影响对水质状况的预期（Nõges et al.，2009）。在建立水质模型后，根据情景分析法可回答水质于何时产生何种改善（处于何种水平）的问题（Wang et al.，2014），但由于特定时刻的水质改善效果为其前全部时段负荷削减的综合效果，情景分析无法得到某一特定时段的污染物负荷削减的效果；而在实践中，通常需要评估特定时段的负荷削减对水质改善的效果。例如，分析负荷削减 50%会对水质产生何种改善，因而在探究水质对负荷削减的非线性和时滞性特征时，回答特定时段负荷削减于何时产生何种效果的问题可有针对性地识别污染防治的真实效果。

综上所述，本书以湖泊水质目标风险管理为研究主题，选题依据为：①湖泊对于人们的生产和生活具有重要作用，且具有易污染、难恢复、高敏感性的特征，同时考虑我国湖泊污染的严峻形势，选择湖泊作为研究对象探究水质目标风险来源的识别方法具有必要性。②尽管建立水质和入湖负荷之间定量的响应关系已经成为流域污染防治的主要手段，但是水质改善效果与负荷削减之间不对应的问题仍未得到根本解决，在实践中仍然存在水质状况预期与实际状况存在较大偏差的风险；由于缺乏能够识别风险来源的方法，这些导致风险的因素往往被忽视或者不能被合理地表征，进行水质目标风险管理的研究具有迫切性。

此外，选题还考虑了方法实现的可行性，包括：①监测数据在时间序列上的累积、在数据类别（如水质、水文和气象指标）上的扩展及监测频率的提高，可为对比不同湖泊响应关系的差异（Cha et al.，2016a），或建立湖泊的复杂水质模型提供数据基础（邹锐等，2016）。②国内外关于水质目标管理的研究，可为湖泊水质目标风险管理方法体系的建立提供重要借鉴。③计算机硬件和并行计算的发展，以及贝叶斯抽样算法的改进，大大提高了计算效率，使得运行贝叶斯模型和复杂水质模型变得快捷（Monnahan et al.，2017）。

1.1.2 研究目的

本书旨在提出水质达标评价中变量不确定性的识别方法、水质基准制定中响应关系动态性的识别方法及负荷削减决策中响应关系非线性和时滞性的识别方法，并选择案例研究地对提出的方法进行应用和验证。

研究目的包括：①分别针对服从二项分布和正态分布的水质变量，采用统计学方法描述水质变量的不确定性及其对水质达标决策的影响，并与污染防治成本和水质损失成本挂钩，提出面向管理的水质达标评价方法，为水质达标评价提供定量信息；结合我国《地表水环境质量标准》（GB 3838—2002）对水质分级的要求，选择滇池作为案例研究地，采用提出的水质达标评价方法对水质级别进行评价，验证将维度纳入水质达标评价的必要性。②提出可对是否选择动态模型进行判定的响应关系动态性识别方法；以湖泊营养盐基准的建立为例，探究响应关系在时间、季节和空间维度上的动态变化，识别营养盐基准在时间、季节和空间维度上的动态性。③以复杂水质模型为模拟工具，提出识别水质对负荷削减响应非线性和动态性的方法，分析水质变量对流域污染物负荷削减响应的特征，回答特定时段的营养盐负荷削减能够在何时引起何种程度水质改善的问题；选择滇池作为案例研究地对方法进行应用研究，验证方法的合理性。

需要强调的是，本书中风险来源识别方法包括两层内涵，即针对特定的研究案例判定风险来源是否存在并进行定量表征。进行水质达标评价时水质变量的不确定性是客观存在的，此时识别方法的主要目的是对变量的不确定性进行定量表征以辅助决策；当探究响应的动态性、非线性和时滞性时，识别方法首先要对上述特征的存在性进行判定，然后对变量间的响应进行定量表征。尽管对于不同的案例研究地风险识别结果可能存在差异，但本书提出的风险识别方法具有普适性。

1.1.3 研究意义

本书着眼于水质改善预期与水质实际状态存在偏差的问题，进行水质目标风险管理的研究。该研究的意义主要有如下两个方面。

（1）为湖泊水质达标评价、营养盐基准的建立、响应关系非线性和时滞性的探究提供方法借鉴。当前，我国湖泊水质达标评价多采用平均值法，对于由水质变量的时空波动性引起的不确定性尚未给予足够的重视；国际上采用的水质达标评价方法忽视了成本维度；基于统计决策理论，本书提出的水质达标方法可为在不确定性条件下纳入成本维度进行水质达标评价提供重要参考。在国际上，生态分区被广泛地作为营养盐基准的空间尺度，本书对营养盐与管理终点响应关系动态性的研究，可对营养盐基准制定的空间尺度进行探索，为营养盐基准的建立提供启发。本书提出的扰动分析法提供了一种对复杂机理模型进行扰动实验的新思路，为揭示湖泊系统对负荷削减的非线性和时滞性特征提供了新方法。

（2）提高对湖泊系统的科学认知。湖泊具有高度的复杂性，本书通过对湖泊系统状态变量的不确定性、响应动态性、响应非线性和响应时滞性的探究，有助于增强人们对湖泊系统上述特征的科学认识和定量表征。

1.2　国内外研究进展

本节首先对美国、欧盟和中国的水质目标管理实践进行综述，归纳总结出水质目标风险管理的 3 个关键步骤，即水质达标评价、水质基准建立和负荷削减决策，然后分别就关键步骤进行文献综述。

1.2.1　国内外水质目标管理的实践

1.2.1.1　美国水质目标管理的实践

为有效地改善受污染水体的水质，美国于 1972 年通过了《清洁水法》（Clean Water Act，CWA），规定对采用技术标准尚不能使受纳水体水质达标的流域，需要制定和实施每日最大污染物负荷总量（total maximum daily loads，TMDL）计划。TMDL 计划是一种以水质为目标的污染控制策略（Brady，2004）。CWA 的 303（b）条款规定，各州和其他辖区必须向美国环境保护署（United States Environmental Protection Agency，US EPA）提交水质报告；303（d）条款规定，各州和其他辖区必须识别辖区内（将要）水质超标的水体，向 US EPA 提交受损水体的列表和针对受损水体的 TMDL 计划，直到水质达到标准要求方可将该水体从列表中移除（Saltman，2001）。

TMDL 是指在满足水质标准的要求下，水体能够接受的某种污染物的日最大负荷量，包括点源负荷、面源负荷和安全边际 3 个组分，即

$$TMDL = LC = WLA + LA + MOS \qquad (1.1)$$

式中，LC（loading capacity）为受纳水体的负荷承载力；WLA（waste load allocation）为流域可分配的点源负荷之和；LA（load allocation）为流域可分配的非点源负荷之和；考虑污染物负荷与受纳水体水质之间关系的不确定性，还设置了安全边际（margin of safety，MOS）（US EPA，1991）。上述公式可分解为两部分：①TMDL = LC，由于 LC 的计算是在满足特定水质标准条件下，通过建立污染物负荷与受纳水体水质之间关系得到的，因而 TMDL 的计算包括受纳水体承载力的计算过程；②TMDL = WLA + LA + MOS，表明 TMDL 的制定包含污染物负荷的分配过程。此外，TMDL 的计算还应该充分考虑季节波动的影响。

制定一项 TMDL 计划一般包括 5 个步骤（US EPA，1991）：①目标污染物的筛选；②受纳水体对污染物负荷的同化能力的估算；③影响受纳水体水质的不同污染源负荷的估算；④受纳水体污染情况的预测分析，确定负荷的最大允许排放量；⑤在保证水质达标的前提下，确定 MOS，并对负荷的最大允许排放量在各个污染源之间进行合理分配。实践中，尤其是采用复杂机理模型对污染物负荷和受纳水体水质关系进行模拟时，流域负荷输入与水质变量被直接联系在一起，受纳水体对污染物负荷的同化能力可内嵌于模型的模拟中，而没有必要明确地计算和表达出来。

制定 TMDL 计划的关键技术包括污染物负荷与受纳水体水质之间定量响应关系的确定方法、MOS 的确定方法和负荷的分配方法。①建立污染物负荷与受纳水体之间定量响应关系是基于水质的污染防治策略区别于其他污染防治策略的根本特征。当受损的水质指标为生态指标时，还需要注意区分流域层面污染物的负荷来源、水体层面的压力因子及受损生态指标之间的联系。US EPA 提供了用于 TMDL 模拟的工具箱，包含推荐使用的流域模型和受纳水体模型，以及更为全面和详尽的模型介绍（Shoemaker et al.，2005）。流域模型可用于核算流域污染物负荷现状，为受纳水体模型提供输入变量（Chahor et al.，2014；Yang et al.，2014；Park and Roesner，2012）；受纳水体模型用于建立流域污染物负荷与水质变量指标的定量关系，探究流域污染物负荷削减对水质的影响（Liang et al.，2015；Zou et al.，2015；邹锐等，2013；Guo and Jia，2012）。②MOS 的计算最初通过主观方法（如选择 TMDL 的 5% 或者 10%）或者对模型进行保守性假设（如假设负荷削减效果的最坏情景）获得，这种方法确定的 MOS 缺乏明确的含义，可能会造成对受纳水体的过保护或者欠保护（Reckhow，2003）。一阶误差分析（first order error analysis，FOEA）法也可用于确定 MOS，该方法以参数敏感性分析的结果为依据（Zhang and Yu，2004）。通过对目标变量分布形式进行合理假设，利用超标概率可方便地求解 MOS。例如，Borsuk 等（2002）采用贝叶斯方法对纽斯河口富营养化模型进行参数估计，得到了不同氮削减比例情景下叶绿素 a（Chla）浓度的分布；类似地，Franceschini 和 Tsai（2008）将水质超标风险纳入 MOS 的求解中，推导出在不同风险水平下 MOS 的表达式；Patil 和 Deng（2011）采用贝叶斯网络研究了 3 种不同水平 MOS 对应的 TMDL。实际上，LC 和 MOS 作为 TMDL 求解和分配时的中间输出项，当不确定性可直接在模型中表达，用超标概率或者风险替代 MOS 后，MOS 可不必显式地计算和表达出来。③在计算得到 TMDL 之后，需要对各个点源和面源的允许排放负荷（负荷削减比例）进行分配。负荷削减成本最低往往成为负荷分配的目标函数，流域优化模型有助于筛选最为有效的负荷分配组合（Wainger，2012；Liu et al.，2011；Borisova et al.，2008）。流域的精细化管理和精准治污对负荷分配的时空精细化程度有了更高的要求，对负荷的分配方法又提出了新的挑战（刘永和邹锐，2016）。

　　TMDL 计划适用的水体类型可分为 8 个大类，分别为：河流和溪流，湖泊、水库和池塘，海湾和河口，海岸沿线，海洋和近海岸，湿地，大湖海岸线，以及大湖开放区域。TMDL 计划于 20 世纪 90 年代开始大规模实施（Cooter，2004），截至 2017 年 12 月 31 日，累计批准的 TMDL 计划达 7 万多项，识别出的使水体受损的因子总频次超过 7.5 万次，其中排名前 5 的影响因子分别为汞、病原菌、重金属（除汞）、营养盐和沉积物，这 5 类影响因子的出现频次约占总频次的 75%。典型的研究区域包括纽斯河口（Qian and Reckhow，2007；Stow et al.，2003）、切萨皮克湾（Cerco and Noel，2016；Batiuk et al.，2013；Linker et al.，2013）和五大湖区（Verma et al.，2015；Robertson and Saad，2011；Whiting，2006）等。实践中，TMDL 对美国的点源和面源污染防治起到了良好的效果：很多受损水体经过治理已经达到了水质标准的要求，并从受损水体列表中被移除（Keller and Cavallaro，2008）；有些受纳水体的受损因子状况得到了改善，例如，在纽斯河口的氮输入减小，河流下游的硝酸盐氮浓度也显著降低（Lebo et al.，2012）。

　　综上所述，本书归纳总结得到美国水质目标管理的一般框架（图 1.2），其基本特征如下：①CWA 为美国实行以水质改善为核心的水质目标管理提供了法律保障；②TMDL 计划是美国水质目标管理的技术关键，在 TMDL 计划的制定过程中，建立起了流域污染物负荷与受纳水体水质之间的定量关系，并通过 MOS 合理地处理了不确定性对决策的影响；③水质达标评价是 TMDL 是否（继续）实施的依据，保证了流域污染防治实践以水质改善为出发点和落脚点。

　　美国的水质目标管理存在的问题主要包括：①各州对水质评价准则的解释不一致，导致在评价水质是否属于受损水体时采用的方法（如数据的数量和质量、监测频次、水质标准的内涵）不统一，给利益相关者造成困扰和不便（Keller and Cavallaro，2008）。②对 TMDL 计划这样高费用、大规模、长时间尺度的水污染防治行动而言，其实施效果的系统性评估尚比较少见，大部分研究停留在利用模型对 TMDL 计划的预期效果进行评估上，此为美国水质目标管理中亟待改善的

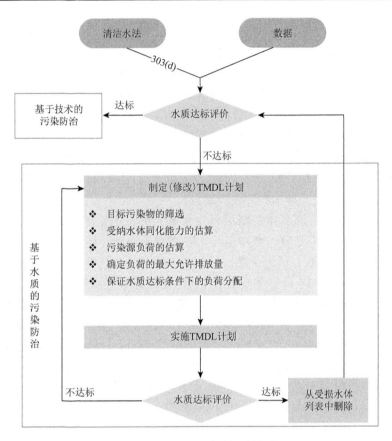

图 1.2　美国水质目标管理的框架

薄弱环节。毋庸置疑，在 TMDL 计划实施之后评价受纳水体水质的变化情况和达标情况，可掌握污染防治的效果，为及时调整或者制定新的 TMDL 计划提供科学依据。这些问题启示我国在进行水质目标管理时，应该采用规范的流程和科学的方法对受纳水体水质进行评价。

1.2.1.2　欧盟水质目标管理的实践

欧盟的水资源管理政策自 1975 年以来可分为 3 个阶段（Kaika，2003）：第一阶段（1975～1990 年）制定了地表水和饮用水的法令，集中于水质标准的建立和地表水（尤其是饮用水）的保护；第二阶段（1991～1999 年）以控制污染物的排放水平作为水质达标的重要手段；第三阶段以 2000 年 12 月 WFD 的生效为起点至今，实行制定标准和控制排污水平相结合的管理政策。WFD 将欧盟已有的众多法律法规整合起来，是欧盟水环境保护的里程碑式法令（Borja et al.，2006；石秋池，2005）。

WFD 规定了欧盟各个成员国水环境保护的统一目标：截至 2015 年，即第一轮河流流域管理计划（river basin management plans，RBMP）周期结束，地表水和地下水达到良好的状态级别，若未达标则应继续实行新的一轮 RBMP，最晚到2027 年使水质达到良好级（EC，2000）。WFD 将地表水分为 4 种水体类型，分别为河流、湖泊、过渡区水和近海水域；水的状态包含水的理化状态和生态状态，根据水的实际状态与参考状态的差异，将水的状态分为 5 级，分别为高、良、中、差、很差。WFD 的实施具有明确的时间表（表 1.2）。

表 1.2 欧盟 WFD 实施时间表[①]

截止时间	任务
2000 年	指令生效
2003 年	指令写入欧盟各个成员国法律；识别河流流域边界，确定管理机构
2004 年	河流流域特征描述；压力、影响和经济分析
2006 年	建立监测网络；开启公众咨询（最晚）
2008 年	提出流域管理规划草案
2009 年	确定河流流域管理规划（包含措施的实施计划）
2010 年	引入价格政策
2012 年	制定措施实施的业务方案
2015 年	达到环境目标；第一轮管理周期结束；第二轮河流流域管理规划和第一轮洪水风险管理规划
2021 年	第二轮管理周期结束
2027 年	第三轮管理周期结束；达标的最后时间节点

从欧盟 WFD 的主要内容和实施过程来看，欧盟的水资源管理具有如下鲜明的特征：①体现了水质目标管理的思路。WFD 对各类水体类型应当达到的水质和水生态目标进行了较为详细的阐述（Article 4[②]）（EC，2000），说明欧盟进行水污染防治的目的为提高或者维持水化学和水生态质量。WFD 在管理目标的设定层面实现了由污染控制向生态系统整体保护的转变，尤其强调受纳水体的水生态目标（而非局限于物理指标和化学指标），并将其作为管理决策的基础（Hering et al.，2010）。受纳水体被视为需要进行保护的环境（个体），而非可供开发的资源；受纳水体生态系统的结构和功能成为评价水体状态的直接依据（Vighi et al.，2006）。②以 RBMP 为污染防治的主要手段。欧盟力图通过最多 3 轮 RBMP 实现水污染防治目标。尽管 RBMP 的实施对象为河流，却涵盖了溪流、河流和湖泊等受纳水体（Article 2）。WFD 对 RBMP 的实施过程和核心要素做了规定（Article 13

---

① 资料来源：http://ec.europa.eu/environment/water/water-framework/info/timetable_en.htm。

② Article 4 表示第 4 条款，下同。

和 Annex① Ⅶ），RBMP 由各成员国分别制定（Kanakoudis and Tsitsifli，2015；Lobo-Ferreira et al.，2015；Estrela，2011），因而难以总结出一般性的流程；对于一些跨界河流（包括莱茵河、多瑙河、易北河、埃姆斯河、芬兰挪威国际河流流域区、默兹河、斯海尔德河、奥得河、萨瓦河）②，也划定了河流流域边界，制定了相应的 RBMP。RBMP 的实施过程中特别注重并通过不同方式鼓励不同利益相关者和公众的参与（Benson et al.，2014）；Boeuf 和 Fritsch（2016）对 89 篇期刊论文的分析显示，有 46 篇文献的主题包括公众参与。③特别注重水体状态的评价。WFD 对水化学和水生态状态的监测和评价做了指导性要求（Article 8 和 Annex Ⅴ）；由于 WFD 创新性地将水生态状态纳入水质评价中，而与水生态相关的水质监测、指示指标、指标标准和评价方法等的研究较少，科研人员对此做了很多探索（Brack et al.，2017；Poikane et al.，2016a，2016b；Lakew and Moog，2015；Reyjol et al.，2014；Argillier et al.，2013；Carvalho et al.，2013；Dudley et al.，2013；Lyche-Solheim et al.，2013；Phillips et al.，2013；Birk et al.，2012；Hering et al.，2010），本书将相关探索的主要内容总结为与监测、指标选择、标准制定和评价方法相关的 4 个方面（图 1.3）。

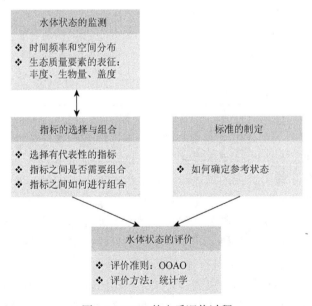

图 1.3　WFD 的水质评价过程

　　按照监测的目的，WFD 将水质监测分为 3 类，分别为用于评价人为干扰造成

---

① Annex 为附录，下同。

② 资料来源：http://ec.europa.eu/environment/water/participation/map_mc/map.htm。

的长时间影响的监督监测（surveillance monitoring）、用于识别有超标风险受纳水体水质状态或者评价污染防治措施效果的控制监测及用于探究水质超标的未知原因或者评估突发事件影响的调查监测（investigative monitoring）。各成员国在监测的时间频率、空间密度和选择的生物质量因素上存在差异，水质监测为水质评价和生态修复效果评估提供了基础数据，使得各个成员国的水质状态具有可比性（Hering et al.，2010）。WFD 规定的湖泊和河流的生物质量要素包括浮游植物、大型植物和底栖植物、底栖无脊椎动物和鱼类（其他水体类型略有差异）；据此研究人员提出了很多表征水生态状态的指标，如体现浮游植物群落特征的 PhyCoI（浮游植物群落指数）（Katsiapi et al.，2016）和反映底栖无脊椎动物状态的底栖生物指标——底栖生物质量指数（benthic quality index，BQI）（Fornaroli et al.，2016）等。不同于水质理化指标，生物指标可通过多种方式（丰度、多度、生物量等）进行定量化。例如，Brabcova 等（2017）比较了两种硅藻定量化方法对水生态状态评价的影响，发现采用诸如丰度或者生物量指标的计数法会造成信息损失，而硅藻覆盖度则可满足对水生态状态评价的需求。WFD 的水质标准一般采用参考状态法进行确定；WFD 的水质评价准则为单因子（one out，all out，OOAO）评价，该准则由于过于保守而受到批评，Moe 等（2015）提出了一种加权综合因子评价的基本框架。由于水质指标的波动性特征，在进行水质级别分类时已经开始注重分类评价的不确定性，例如，Sondergaard 等（2016）采用置信区间对湖泊进行生态分类，Arima 等（2013）采用贝叶斯层次模型（Bayesian hierarchical model，BHM）分析不同指标的协同性。

美国的水质目标管理与欧盟的水质目标管理之间存在如下两个方面的差异：①对"压力源-受体"之间定量响应关系的重视程度不同。尽管模型对于 RBMP 的实施具有重要作用（Yang and Wang，2010），但是在 WFD 的实践中，对"压力源-受体"定量响应关系的重视程度不足，很多研究未对响应关系进行检验，导致对未来的水质达标情况缺乏科学的预期，带来水质达标的风险（Brack et al.，2017；Birk et al.，2012）。例如，Hjerppe 等（2017）采用贝叶斯网络对芬兰 Kuortaneenjärvi 湖 TP 浓度的研究显示，在合理的治理费用范围内，该湖难以达到既定的目标。Hering 等（2010）指出在制定 RBMP 时需要将压力源与生态指标之间的响应关系作为基础。以生态状态为目标的 RBMP 需要将生态指标作为状态变量，对生态系统进行全方位模拟。②对水质评价的重视程度不同。如前所述，欧盟的水质目标管理注重水质的评价过程，因而有大量关于 WFD 实施效果评价的研究，这为 WFD 的修订和继续实施提供了依据。

欧盟的水质目标管理存在如下两个方面问题：①客观上，欧盟各成员国未在 2015 年实现水质达到良好状态的总体目标，说明 WFD 设置的目标过于乐观。水质未达到预期的原因可能包括决策中缺少"压力源-受体"定量响应关系的支撑（Hjerppe et al.，2017）、营养盐的内源释放导致的时滞效应（Zamparas and Zacharias，

2014；Jarvie et al.，2013）和气候变化的影响（Flavio et al.，2017）等。②水质评价指标纷繁复杂，缺乏统一的指标体系。为满足 WFD 对水生态状态的评价要求，研究人员提出了很多评价指标、评价准则和评价方法。目前尚未有统一的指标体系和流程规范，降低了不同成员国水生态状态的可比性，为 WFD 的实施造成了困扰。这些问题并不影响欧盟水质目标管理在管理理念（将水体视为需要保护的环境而非可供开发的资源）和管理目标（将水生态健康作为重要的目标）方面的先进性和前瞻性。欧盟水质目标管理的实践充分体现了政策法规对科学研究的良性推动作用。

1.2.1.3　中国水质目标管理的实践

我国水质目标管理起步较晚，借鉴国外水质目标管理的理论和实践，结合我国流域污染防治的特点，研究人员提出了我国水质目标管理的技术框架（吴阳等，2017；程鹏等，2016；盛虎等，2013）。该框架包括 5 个重要组成部分：①控制单元的总量控制技术。将控制单元作为水质目标管理的实施单元，对控制单元实行容量总量控制。②水环境基准与标准。立足于我国水质基准与标准现状，建立科学、全面、先进的水环境基准和标准体系，为实现容量总量控制提供依据。③水环境流域监控技术。提高水质监测的有效性和一致性，科学地反映受纳水体的状态和变化特征。④控制单元的水污染排放限值与削减技术评估。根据水质标准确定控制单元的污染物排放限值，对污染物削减技术进行技术可行性评估，确定最佳控制流程。⑤水污染防治的环境经济政策。采取合适的环境融资手段和奖惩措施，保障水质目标管理顺利实施。

我国水质目标管理的实践集中于对流域污染物负荷输入的削减量进行研究（表 1.3）。管理实践中主要针对受纳水体的富营养化问题和有机物污染问题，选择的水质指标包括总氮（TN）、总磷、氨氮、化学需氧量和高锰酸盐指数等。按照模型的复杂程度，可将其分为 3 类：①负荷历时曲线法。该方法需要流量和水质数据，根据流量数据可得到流量历时曲线（flow duration curve，FDC），结合水质目标可得到不同流量对应的标准负荷，根据流量和水质数据可得到实际负荷及负荷历时曲线，根据实际负荷与标准负荷即可确定负荷削减量（Johnson et al.，2009）。该方法不适用于流速较慢或者流向复杂的水体。②简单机理模型，如 Dillon 富营养化模型。该类模型组成较为简单，状态变量和参数均较少，时空分辨率也较低，主要用于描述最为关键的机理过程。③复杂机理模型，如环境流体动力学（environmental fluid dynamics code，EFDC）模型。该类模型具有复杂的结构，通常分为多个模块用于描述关键的机理过程，状态变量和参数均很多，具有较高的时空分辨率。根据维度，模型包括零维模型、一维模型、二维模型、三维模型。大部分研究未考虑模型参数的不确定性问题（表 1.3）。使用 MOS 的确定方法包括显式确定（比例一般为环境容量的 5%或 10%）、FOEA 和贝叶斯方法。

表 1.3　我国水质目标管理实践案例总结

研究对象	研究目的	污染物	模型方法	维度	不确定性	安全边际	参考文献
佛山水道	TMDL	COD	未给出	—	×	FOEA	周雯等（2011）
梁子湖	TMDL	COD	LDC	—	×	显式（10%）	王生愿等（2016）
汉江武汉段	TMDL	TP	LDC	—	×	显式（5%）	王玲（2016）
金井河	TMDL	TN	LDC	—	×	显式（10%）	孟岑等（2016）
长乐江	TMDL	TN	LDC	—	参数	贝叶斯方法	Chen 等（2012）
长湖	TMDL	COD，TP，TN	Dillon 模型	0D	×	显式（5%）	夏菁等（2015）
太湖入湖河流	TMML	TN，TP，COD，NH_3-N	河网水量水质模型	1D	×	显式（5%～10%）	闵庆文（2012）
金华江流域义乌段	TMDL	BOD_5，NH_3-N	QUAL2K	1D	×	显式（10%）	方晓波等（2008）
大宁河	TMDL	COD，TP，TN	稳态衰减模型	2D	×	FOEA	何羽等（2012）
洱海	TMDL	TN，TP，COD_{Mn}，NH_3-N	MIKE21	2D	×	FOEA	王显丽等（2016）
滇池	TMDL	Chla	EFDC	3D	×	×	Wang 等（2014）
抚仙湖	TMDL	TN，TP，COD	EFDC	3D	×	×	Zhao 等（2012）
柴河水库	TMDL	NH_3-N	EFDC	3D	参数	FOEA	Guo 和 Jia（2012）
密云水库	TMDL	TN，TP，TOC	EFDC	3D	参数	贝叶斯方法	Liang 等（2016）

注：×表示未考虑；BOD_5 表示五日生化需氧量；TMML 为每月最大污染物负荷总量（total maximum monthly loads）；D 表示维度；TOC 表示总碳

在研究方法上，主要集中于"负荷→水质"响应关系的建立，尚未从水质超标风险的角度进行污染物负荷削减决策，缺乏对水质目标管理中风险的认知。水质变量不确定性、响应的动态性、响应的非线性和响应的时滞性对水质目标管理的重要影响尚未引起足够重视，相应的风险来源识别方法极为匮乏，大大降低了水质目标管理的有效性。在水质目标管理的各个环节中，尚未针对水质变量的时空变异性提出有针对性的表征方法，未能对营养盐基准的空间尺度进行验证，不能回答特定时段负荷削减对水质改善作用的问题。

1.2.1.4　水质目标管理的关键步骤

本节对美国、欧盟和中国的水质目标管理的框架和实践进行了简单梳理，归纳总结出 3 个国家/组织水质目标管理的主要内容和特点（表 1.4）：美国在 CWA 的要求下采用 TMDL 进行水质目标管理，对模型的不确定性研究很深入；欧盟在 WFD 的要求下采用 RBMP 进行水质目标管理，最大的特色是注重水生态目标；我国的水质目标管理没有专门的立法，主要关注水物理化学指标，采用的模型方法大多较为简单，不能很好地表现水生态系统的复杂性。

表 1.4 美国、欧盟和中国水质目标管理特点比较

国家/组织	法令	水质目标	主要措施	响应关系	不确定性
美国	CWA	水物理化学 水生态	TMDL	水质模型	MOS 模型参数
欧盟	WFD	水物理化学 水生态 水体形态特征	RBMP	统计学模型 生态模型	水质达标评价
中国	无	水物理化学	总量控制	水质模型	考虑较少

结合上述分析，水质目标管理的一般步骤包括筛选管理终点、水质基准的确定、水质达标评价、负荷削减决策、措施实施和措施实施效果的评估（图 1.4）。根据筛选出的管理终点，水质基准实际上给出了水质目标，规定了"水质应处于何种状态"；水质达标评价则对水质的现状进行评估，回答"水质现处于何种状态

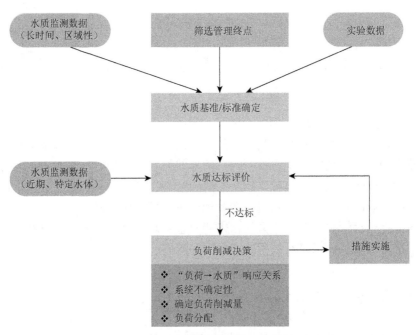

图 1.4 水质目标管理的一般框架

（达标或者超标）"的问题；在水质超标的情况下，负荷削减决策通过"负荷→水质"响应关系和对系统不确定性的识别表征，回答"应采取何种措施可使水质在何时达到目标水平"的问题；措施实施之后仍需要进行水质达标评价，以确定是否需要修改或者继续实施负荷削减措施。

　　水质管理终点可根据受纳水体现状、技术水平及决策者的主观判断进行筛选，此不在本书讨论范围之内，本书主要讨论湖泊系统层面的水质目标风险管理。负荷削减的分配主要是对流域污染源的削减分配，管理措施的实施主要是流域层面工程的合理搭配和有序实施，这也不在本书的讨论范围之内。水质标准是在水质基准的基础上，综合考虑社会经济和技术因素进行确定，本书只关注水质标准的制定过程。因而，以下将对水质达标评价、水质基准制定和负荷削减决策的主要方法进行文献综述，并识别在这 3 个关键步骤中可能存在的决策风险来源和常用识别方法。

1.2.2　水质达标评价方法研究进展

　　水质达标评价与水质标准中浓度限值的含义具有紧密联系。水质标准可分为平均值基准和分位数标准（Krueger，2017）。根据是否考虑水质变量的不确定性，可将水质达标评级方法分为平均值法和统计学方法。

1.2.2.1　平均值法

　　我国《地表水环境质量评价办法（试行）》采用单因子的平均值进行水质评价。该办法规定，对于不同监测频次的水质监测断面，均采用算术平均值代表水质状况 [式（1.2）]；对于有多个监测断面的湖泊，首先计算各个断面在时间上的平均值，然后计算其在空间上的平均值来代表湖泊的水质状况。Yan 等（2015）采用平均值法对红河溶解氧（DO）、NH_3-N、亚硝态氮（NO_2-N）、硝态氮（NO_3-N）、TN 和 TP 6 项水质指标的达标情况进行了分析（以Ⅲ类水质为标准）；Zhou 等（2017）采用平均值法对我国 2006～2015 年重点流域的水质监测断面的 DO、COD_{Mn} 和 NH_3-N 的状况进行了评价。此外，水质评价也可采用综合因子评价方法，如水质综合指数（Wang et al.，2017）和富营养化指数（邹伟等，2017）等；直接采用变量的平均值计算得到平均水质指数，或者计算多组水质指数的平均值，再与相应标准做对比以进行水质达标评价的，也属于平均值法的范畴。

$$\bar{x} = \frac{1}{N} \sum_{i=1}^{N} \left(\frac{1}{M_i} \sum_{k=1}^{M_i} x_{ik} \right) \tag{1.2}$$

式中，N 为某水体的监测断面个数；M_i 为第 i 监测断面的监测频次；x_{ik} 为某水质指标在 i 监测断面的第 k 次监测值；$\bar{x}$ 为算术平均值。

1.2.2.2 统计学方法

水质指标存在不确定性，其来源主要包括时间变异性、空间变异性、时空协同变异性、采样和测量误差 4 个部分（Carstensen and Lindegarth，2016）。而常规的水质监测不可能获得水质指标在全部时间和空间点上的监测值（Barnett and O'Hagan，1997），因而监测数据的平均值往往不能真实地反映平均水质。

假设检验法是水质达标最常用的统计学方法。假设检验法需要关注两类错误（图 1.5）：一是弃真错误，即当原假设为真时，拒绝原假设所犯的错误，其错误概率常用 α 表示；二是取伪错误，即当原假设为假时（备择假设为真时），接受原假设所犯的错误，其错误概率常用 β 表示。

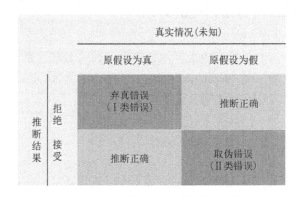

图 1.5　假设检验中的两类错误概率

显然，减小上述两类错误概率可使得水质达标评价结果更为可靠；然而，实际状况是当效应值、样本容量和总体标准差均固定不变时，α 和 β 具有相反的变化趋势，即 β 随着 α 的增加而减小。因而，采用经典统计学的假设检验方法进行水质达标评价时，水质指标的不确定性问题最终转化为对两类错误概率的计算和权衡，相关的研究也主要集中在根据两类错误概率来制定水质达标评价的决策准则。Chen 等（2017）将序贯概率比检验法应用到水质达标评价中，在保证相同的两类错误概率的条件下，对样本容量的要求更小。Gibbons（2003）讨论了当总体服从正态分布和对数正态分布时，针对分位数标准的评价方法；Smith E P 等（2003）讨论了多种分布拒绝域的计算方法。

置信区间法是指采用监测数据的特定置信区间（常见的有 90% 和 95% 置信区间）与浓度限值进行对比以判断水质是否达标的方法。例如，WFD 要求评价水质生态状态时需要估计置信度，欧盟的一些成员国采用水质指标的置信区间表征监测数据的不确定性，用于衡量水质变量超标的可能性（Merrington et al.，2014；Clarke，2013）；Phillips 等（2012）提出采用 95%置信区间表征水质变量的不确定性；Sonneveld 等（2012）采用 95%置信区间对氮（N）和磷（P）浓度进行了达标评价；Carstensen（2007）采用多种水质指标的 90%置信区间，对水质的类别进行了分析，其结果用于指导水质监测样本数据的确定；Demetriades（2010）利用方差分解方法对水质变量的波动性进行了分解，得到了水质变量方差的估计，利用水质变量的 95%置信区间对瓶装水质进行了达标评价；为了评估湖泊和海洋生态系统富营养化治理的效果，McCrackin 等（2017）根据恢复完成率的置信区间对世界范围内的富营养化的治理效果进行了评价；Qu 等（2016）采用累积概率分布曲线分析了我国多条主要河流（松花江、辽河、长江、湘江）和多个重要湖泊（滇池、巢湖、太湖、洞庭湖）底泥中重金属的生态风险。

　　置信区间法可视为控制弃真错误在某一特定水平时的假设检验法，尤其是当选择单侧置信区间时。例如，US EPA 推荐采用均值的上 95%置信区间来进行水质达标评价，同时推荐了右侧单边 t 检验来进行非正态分布总体时达标评价方法的替代。另外一种采用置信区间法进行水质达标评价的方法与双边置信区间法类似，称为三支决策法，该方法最早由 Tukey（1960）提出。该方法采用 3 个可能选择的指导决策，分别为：①监测数据支持水质达标；②监测数据不支持水质达标；③根据监测数据不能判断水质是否达标，需要收集其他信息，如增加监测数据等。Goudey（2007）采用该方法给出了二项分布的拒绝域计算方法，并对污水处理厂的水质进行了达标评价，指出三支决策法具有更高的灵活性，且能为水质达标评价决策提供更多的信息。然而，该方法在水质达标评价的应用中并不多见。该方法由于并非严格遵循假设检验的流程而被批评，但支持该方法的研究者则指出该方法的灵活性更有利于进行决策。

　　在水质达标评价的实践中，水质达标评价应在衡量水质变量不确定性的同时，能够指导水体污染防治措施的实施。根据统计决策理论，行动是否应当执行取决于需要的费用和能够获得的效益（Guisan et al.，2013）。污染防治决策不应采用费用-效益分析的思路进行：如果水质超标则必须进行治理，而不应考虑进行污染防治带来的收益是什么。鉴于此，Field 等（2004）最先提出了一种基于期望损失的达标评价函数，由于提高样本容量可同时降低两类错误概率，而提高样本容量需要增加监测费用，因而该函数同时也将监测费用的提高纳入考量。Field 等（2004）将这种决策思路最先用于评价考拉种群的显著性降低与否的决策中。Mudge 等（2012a）提出了基于该方法的两类错误概率的优选方法，将全部可能对两类错误的损失有影响的因素（如主观决策偏好和以金钱衡量的价值损失）归结为损失比例；与之类似，Grieve（2015）讨论了基于两类错误概率加权和最小的风险选择函数和方法；Field 等（2007）将该思路用于指导水质监测布点，使监测变得更有意义；Little 等（2016）将该方法应用到渔业管理中，指导捕鱼量的设定和调整；Mudge 等（2012b）采用该思路指导加拿大的环境影响评价的监测项目，指出传统的令弃真错误为 0.05 的方法导致的两类错误概率之和会比优选方法高 15%～17%。

1.2.3　湖泊营养盐基准制定方法研究进展

水质基准是指对特定水体的受保护对象不产生有害影响的污染物阈值（冯承莲等，2012）。按照其制定原理，水质基准可分为毒理学基准和生态学基准（吴丰昌，2012）。营养盐基准是指使水体满足特定功能时的营养盐浓度最大值（US EPA，1998）。尽管某些形态的营养盐超过一定的浓度阈值时也会对水生生物产生毒性（Meador，2013），但是天然水体一般难以达到该阈值（Brooks et al.，2015；梁艳等，2011），因而营养盐基准一般被视为生态学基准，对营养盐基准的研究也主要关注营养盐的生态效应（Chambers et al.，2012）。营养盐是水生生态系统中生产者进行光合作用、形成初级生产力的必要条件（Kimmel and Groeger，1984）；随着人类活动的加剧，过量的氮和磷被排入水体中，造成水体富营养化，破坏了原有的水生生态系统，导致水体透明度降低、水体底层缺氧、水华暴发、水体产生异味和藻毒素、水生植物退化、大型底栖动物和鱼类死亡等一系列问题（Paerl and Otten，2013；金相灿，2013），带来巨大的经济损失（Le et al.，2010；Dodds et al.，2009；Pretty et al.，2003）。制定科学合理的营养盐基准对于防治水体富营养化，评价人为干扰对水体的影响，保证生态系统的健康和水体的正常功能具有重要意义（霍守亮等，2017）。

美国是最早开展营养盐基准研究的国家（US EPA，1976）。欧盟 WFD 提出根据水体的参照状态划分不同的水质级别（EC，2000），促进了水质基准相关研究的发展。我国营养盐基准的研究起步较晚，基础薄弱（霍守亮等，2009）。自 2008 年开始，我国开展了较大规模的营养盐基准研究，并取得了重要进展，为我国营养盐基准和标准的确定提供了技术支撑（Huo et al.，2017）。在此基础上，环境保护部于 2017 年 6 月 9 日发布了《湖泊营养物基准制定技术指南》（HJ 838—2017），用于指导区域性湖泊营养盐基准的制定，该指南已于 2017 年 9 月 1 日开始实施。

1.2.3.1　营养盐基准的空间尺度

营养盐基准的空间尺度是指营养盐基准的适用范围，同时限定了数据收集的空间范围。根据其空间尺度，营养盐基准可分为全国性营养盐基准、区域性营养盐基准和专一性营养盐基准。不同的空间尺度体现了不同的基准制定策略，这并非表明不同空间尺度的基准之间存在隶属或者层级关系。营养盐基准的空间尺度具有排他性。

在制定全国性营养盐基准时，假设特定水体类型的全部水体所处的自然和社会环境是同质的，因而在全国尺度下收集的数据可用于制定统一的营养盐基准（Jones et al., 1998）。例如，Yuan 等（2014）采用 2007 年美国国家湖泊评价项目收集的水质监测数据，识别出了用于控制微囊藻毒素的 Chla 和 TP 浓度的阈值。理论上，不同水体的自然和社会环境具有区域异质性和局部异质性（图 1.6）。当区域驱动因子（如气候、大气沉降和土壤类型）对营养盐基准产生显著影响时，全国性营养盐基准就不再适用；当局部驱动因子（如流域面积、水力停留时间和水深）对营养盐基准产生显著影响时，则应考虑建立专一性营养盐基准，即仅适用于单个水体的营养盐基准（Read et al., 2015; Cheruvelil et al., 2013）。由于全国性营养盐基准不能体现区域空间异质性，区域性营养盐基准已被广泛地接受和采用（Huo et al., 2013; US EPA, 1998; Hughes and Larsen, 1988）。

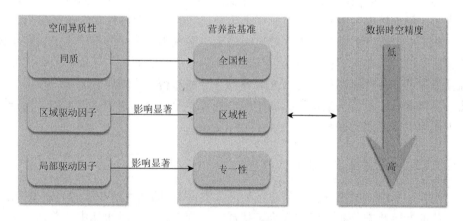

图 1.6　营养盐基准的空间尺度与空间异质性、数据时空精度的关系

生态分区是最常见的区域划分方法。生态分区是展示生态系统相对异质性的分析单元，是包含特定生物和非生物特征的完整生态系统，可定义于不同生态系统尺度并因而具有层级性（Loveland and Merchant, 2004; Omernik and Bailey, 1997; Bryce and Clarke, 1996）。US EPA 推荐使用的生态分区划分方法为 Omernik 生态分区系统的第 3 级（Level Ⅲ）分区方法。该方法将美国陆地分为 14 个生态分区类型（Rohm et al., 2002），同一个州内可能存在多种类型的生态分区。该方法已被多个美国州政府采用（Omernik and Griffith, 2014）。Herlihy 和 Sifneos（2008）以及 Lamon Ⅲ 和 Qian（2008）分别研究了美国大陆不同生态分区河流和湖泊的营

养盐基准；Heiskary 和 Wilson（2008）以及 Heiskary 和 Bouchard（2015）对美国明尼苏达州水体的分区营养盐基准进行了研究；Smith 和 Tran（2010）以及 Smith R A 等（2013）分别对美国纽约州河流和溪流的营养盐基准进行了探索。Huo 等（2014）根据流域的气温、降水、海拔、地貌和湿度特征将我国湖泊分为 8 个生态分区，基于此，Huo 等（2015）、Zhang 等（2016a）及 Zhang 等（2016b）对我国分区湖泊营养盐基准和典型湖泊营养盐基准进行了深入探讨。

专一性营养盐基准是指针对特定水体（个体）制定的营养盐基准。目前，专一性营养盐基准制定的相关研究比较少。鉴于人们在密西西比河建设了众多蓄水池，不同的蓄水池具有不同的水力和形态特征，Jones 等（2009）建议在密西西比河制定专一性营养盐基准；Olson 和 Hawkins（2013）采用随机森林模型建立了美国西部河流 TN、TP 浓度与其驱动因子之间的关系，用于分析不同河流的参考状态和建立专一性营养盐基准；Xu 等（2015）基于美国尚普兰湖的长期水质监测数据，采用分位数回归模型研究了 TN 和 TP 对 Chla 浓度的效应，用于建立该湖的专一性营养盐基准。Cui 等（2017）对太湖苕溪流域的 31 条河流的主要水化学指标（TN、NH_3-N、NO_3-N、TP、TOC、POC[①]）时空变异性的驱动因子的研究表明，局部尺度的影响因素对解释水化学指标的时空差异性具有显著影响。

制定专一性营养盐基准的一般逻辑应为：区域驱动因子并不能完全决定水体营养盐基准，水体营养盐基准还受局部驱动因子的显著影响，因而需要制定专一性营养盐基准。可见，采用专一性营养盐基准并非否认区域驱动因子的作用。因而，仅根据特定水体的监测数据制定专一性营养盐基准，忽视了该水体与同一区域中其他水体之间的联系。

1.2.3.2　营养盐基准值的推导方法

营养盐基准值的推导方法可总结为两大类，即参照状态法和压力响应模型法。营养盐的参照状态是指在没有人为干扰或者人为干扰很小时水体中营养盐浓度的背景值（Hawkins et al.，2010）。参照状态法是指根据水体及其所在区域水体的参照状态推导营养盐基准的方法。参照状态的选择或获取是该方法的核心步骤：当人为干扰影响较小时，可筛选确定区域水体的参照状态；当人为干扰较大时，则需推算水体的参照状态。

常用的参照状态法包括 5 种：①区域参照水体的 75%分位数［（图 1.7（a）］。该方法选择区域内没有受到人为干扰（或干扰很小）的水体作为参照水体集合，取该集合中的 75%分位数作为营养盐基准（Huo et al.，2017；Evans-White et al.，2013）。该方法适用于区域内人为干扰强度较小、存在较多可选水体的情况。②区域全部

---

① POC 表示颗粒态有机碳。

水体的 25%分位数[图 1.7 (b)]。该方法选择区域全部水体作为总体，以其 25%分位数作为营养盐基准（Huo et al.，2017；Evans-White et al.，2013）。该方法适用于区域内人为干扰强度较大的情况。③基于统计学模型的扰动分析。该方法建立营养盐浓度与人为干扰指标（如土地利用方式）之间的统计学模型，然后推导出认为没有干扰时的营养盐浓度背景值（Dodds and Oakes，2004）。该方法适用于区域内人为干扰强度较大、难以根据监测数据推知营养盐浓度背景值的情况。④基于机理模型的情景分析。该方法通过模拟营养盐在流域和水体层面的输移转化，推导出没有人为干扰且水体稳态时的营养盐浓度背景值（Makarewicz et al.，2015；Smith R A et al.，2003）。该方法适用于受人为干扰影响较大的单个水体。⑤古湖沼学方法。通过古湖沼学方法研究人为强烈干扰之前的营养盐浓度背景值（Kowalewski et al.，2016）。该方法适用于受人为干扰影响较大的水体。方法③～方法⑤旨在推算没有人为干扰（或人为干扰很小）时营养盐浓度值，并以其作为参照状态，该参照状态可用于推导营养盐浓度值（Brucet et al.，2013；陈奇等，2010）。

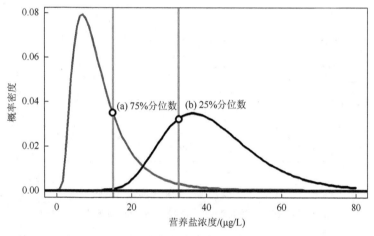

图 1.7　分位数方法示意图

　　压力响应模型是指描述营养盐（压力）和水质管理终点（响应）之间响应关系的统计模型。采用压力响应模型推导营养盐基准值的方法即为压力响应模型法。常见的管理终点可分为 3 个大类：水体理化指标（如透明度、浊度、溶解氧）、藻类群落指标（如 Chla 浓度、硅藻群落比例）及大型无脊椎动物和鱼类指标（如初级消费者丰度）（Evans-White et al.，2013）。

　　常用的压力响应模型法可分为两大类：①传统回归分析方法，包括线性回归模型（Bachmann et al.，2012b）、结构方程模型（Ji et al.，2014）和贝叶斯层次模型（Lamon Ⅲ and Qian，2008）等方法；②统计学习方法，包括分类与回归树（Haggard et al.，2013）、提升回归树（Wagenhoff et al.，2017）、随机森林（Heatherly Ⅱ，2014）、梯度森林（Roubeix et al.，2016）和贝叶斯网络（Qian and Miltner，2015）等方法。

突变点分析法（如非参数突变点分析、贝叶斯突变点模型、分段回归、临界指示物种分析法等）也常被用于推导营养盐浓度基准值（Dodds et al.，2010）。在作为压力响应模型时，该类方法的应用应特别慎重。一般而言，突变点分析的直接目的是求解响应变量（管理终点）状态或压力响应关系发生突变时压力变量（营养盐浓度）的突变点（Stevenson，2014），而营养盐浓度突变点对应的管理终点状态未必就是管理终点的目标值（图1.8），因此还需要进一步根据管理终点的目标值确定营养盐基准值。直接采用营养盐浓度突变点作为基准值并能满足管理的需求，此时突变点分析可被视为一种模拟非线性响应关系的有效方法。当管理目标是实现水生态系统的稳态转换时，营养盐浓度的突变点可作为基准值（图1.8），突变点分析和识别方法为探究稳态转换的阈值提供了重要工具（Andersen et al.，2009；Suding and Hobbs，2009）。因此，是否将营养盐浓度突变点作为基准值需要根据管理终点进行判别。

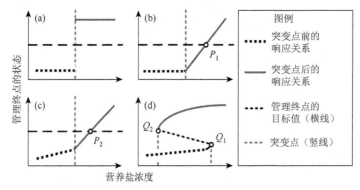

图 1.8　突变点模型的 4 种形式示意图

P_1 和 P_2 表示营养盐基准的阈值点；Q_1 和 Q_2 表示稳态转换的状态突变点

当采用不同的参照状态法或响应模型法推导营养盐基准值时，通常会得到不同的结果。此时，研究者往往采用加权法对结果进行整合（Heiskary and Bouchard，2015；Smith and Tran，2010）。这种方法存在的主要问题是权重选取缺乏科学依据，主观性太强。根据水体水质状况、流域污染特征及不同管理阶段的需求选择最佳的基准值推导方法无疑是避免出现上述问题的一种思路。例如，Soranno 等（2011）根据不同营养盐基准值推导方法的特点，提出了根据区域特征选择适当方法的步骤。

1.2.4　湖泊水质对流域负荷削减响应的研究方法进展

外源负荷的削减是实现水质目标的重要手段。对于已经实施污染防治措施的流域，识别水质对负荷削减的响应对评价污染防治措施的效果和合理性具有重要意义；对于尚未实施污染防治措施的流域，识别水质对负荷削减的响应对确定合理的负荷削减量及优化负荷削减分配具有重要意义。研究水质对流域负荷削减响应的方法可归纳为 3 种，即观测法、统计模型法和机理模型法。其中，观测法主要根据观测数据对已有的污染防治措施效果进行评估；统计模型法和机理模型法则更加偏重为负荷削减提供决策支撑。

1.2.4.1 观测法

采用观测法探究水质对负荷削减响应时一般只需获取受关注水质指标的时间序列，根据污染防治措施实施的时刻水质指标的变化情况，大致判断水质对负荷削减的响应时滞和变化幅度。例如，Qian 等（2000）根据美国纽斯河口 12 个监测站点 1979~1998 年的氮、磷监测数据，采用季节趋势特征分解方法研究了各项营养盐指标的变化趋势，发现 1988 年实施的禁止使用含磷洗涤剂法令使得磷浓度显著下降，并导致了氮磷比的显著升高；Søndergaard 等（2005）收集了丹麦12 个湖泊在磷负荷大规模削减之后 13 年的水质变化情况，发现内源负荷的释放会导致水质响应存在长达几年的时滞，浅水湖泊和深水湖泊则会表现出不同的季节性削减模式。Chen 等（2013）比较了江苏五里湖在修复前后主要水质指标的变化情况，指出尽管夏季 TP 浓度仍然很高，但 TN、TP、Chla 和 COD 的年均值显著下降。

应当指出的是，观测法适用于较长时间尺度水质对负荷的响应研究，需要收集较长时间的监测数据。在较长的时间跨度下，难以保证除了污染防治措施实施之外其他驱动因子的改变，如对湖泊富营养化和藻类暴发具有重要影响的气象因子，因而采用观测法时还需尽可能地考虑其他因子的影响，谨慎地评价污染防治效果。此外，观测法一般不对负荷输入进行估算，因而缺乏对污染防治措施效果的直观评价；随着数据的积累和模型的发展，负荷输入数据的获取更加便利（Wan et al.，2017；Stow et al.，2015），结合水质数据可通过模型建立负荷与水质之间的定量响应关系。

1.2.4.2 统计模型法

采用统计学模型研究水质对负荷削减的非线性和时滞性响应关系时，通常需要收集较长时间的监测数据，以负荷输入作为预测变量，以水质作为响应变量，建立二者之间的非线性响应关系，或者探究负荷对浓度影响的时滞性特征（Obenour et al.，2015）。由于水质浓度与负荷输入之间的关系是非线性的，且水质浓度与负荷削减之间的关系也是非线性的，即水质浓度与负荷输入之间的非线性关系可代表水质浓度对负荷削减的非线性关系。用于描述生态系统非线性响应关系的模型方法可分为经典统计学方法和机器学习算法两大类。

经典统计学方法为根据经典统计学的估值理论进行参数估计的方法，常用的方法包括对数线性模型、广义线性模型、广义加性模型和 S 形曲线模型等。对数线性模型是一类特殊的非线性关系模型，其可通过对数变换转化为线性模型。由于水质数据通常为右偏分布，通过对数变换可使模型拟合残差更加近似地服从正态分布（Kotamaki et al., 2015），因而对数线性模型有着较为广泛的应用。广义线性模型则首先对响应变量进行特定的变换（连接函数），再与预测变量建立起线性关系，残差服从非正态的指数分布族分布。根据响应变量的特征，可选择不同的连接函数，从而适用于二元变量、分类变量、计数变量和零值较多变量的拟合。例如，Yuan 和 Pollard（2017）等采用泊松回归方法研究了美国湖泊藻毒素与营养盐之间的关系。广义加性模型则适用于具有非单调和复杂非线性关系的模拟（Carvalho et al., 2011）以及对响应关系的探索性分析和预测变量影响因素的识别，由于该方法采用了局部回归算法，变量之间的关系难以用数学表达式显式地表达。

S 形曲线模型为常见的可显式表达非线性关系的模型，该曲线能够表达响应变量对预测变量敏感性的变化过程，通常包括"不敏感→敏感→不敏感"的过程，符合很多理论研究的结果，因而也有广泛的应用。常见的 S 形曲线模型包括三参数模型［式（1.3）］（Feher et al., 2017）、四参数逻辑斯蒂模型［式（1.4）］和四参数冈珀茨模型［式（1.5）］（Filstrup et al., 2014）。其中，三参数模型和四参数逻辑斯蒂模型均属于广义逻辑斯蒂模型的范畴，且其曲线具有中心对称的特征；而冈珀茨模型则适用于非对称的曲线。

$$y = \frac{a}{1 + e^{-\frac{x-c}{b}}} \qquad (1.3)$$

式中，a、b、c 分别为曲线的渐近线（响应变量的上限）、模型增长速率、曲线的对称点。

$$y = \frac{a-d}{1 + e^{-\frac{x-c}{b}}} + d \qquad (1.4)$$

$$y = ae^{-e^{-\frac{x-c}{b}}} + d \qquad (1.5)$$

式中，a、b、c 含义与上同；d 为基台值。

机器学习算法适合处理高度非线性和较高维度的响应关系。如果仅仅建立负荷输入和水质之间的响应关系，而忽略了其他影响因素，则有可能获得较差的拟合效果，机器学习算法处理高维数据的优势也不能得以体现。因而，机器学习算法往往用于建立复杂流域特征（包含负荷输入）与水质变量之间的响应关系，可用于进一步分析不同边界条件下，负荷输入与水质的响应关系。除了直接根据收集到的数据建立模型外，机器学习算法还可将复杂机理模型的模拟结果作为训练集，对复杂机理模型进行替代，即作为替代模型，解决复杂机理模型的运算效率问题，方便与其他模型耦合使用（Razavi et al.，2012）。机器学习算法对数据的分布没有具体要求，常用的方法包括分类与回归树、随机森林、梯度森林、分位数回归森林、人工神经网络、支持向量机、响应面模型、贝叶斯网络和概率神经网络等。其中，前 4 种为基于树的模型，该类模型通过对预测变量的二分和迭代实现对响应变量的拟合，并可对响应变量进行预测；每次迭代对预测变量进行一次二分，二分的依据为使得响应变量的纯度准则最大，常用的纯度衡量指标为基尼系数，即 $I(S) = \sum p_i(1-p_i)$，预测变量的最佳二分位置为使得 $I(S_1,S_2) = I(S) - n_1 I(S)/n - n_2 I(S)$ 最大的点（Krzywinski and Altman，2017）；模型的复杂程度一般采用交叉检验的方法进行确认。人工神经网络、支持向量机和响应面模型等也是常用的非线性关系模型，此类模型容易出现过拟合现象，对模型结构的选择需要谨慎（Dietze，2017）。贝叶斯网络和概率神经网络为可拟合不确定性响应关系的机器学习算法，由于统计学模型难以将对响应变量有影响的驱动变量全部包含，且数据的采集过程可能存在随机误差，因而不确定性的响应关系可更好地体现上述特征，具有广阔的应用前景。

　　探究响应变量对预测变量响应时滞的统计学方法非常匮乏，最常用的方法为互相关函数分析。该方法源于时间序列分析中对变量间含有时滞性的相关系数的讨论，其表达式为

$$\hat{\rho}_{xy}(h) = \frac{\hat{\gamma}_{xy}(h)}{\sqrt{\hat{\gamma}_x(0)\hat{\gamma}_y(0)}} \tag{1.6}$$

式中，$\hat{\rho}_{xy}(h)$ 为互相关函数；$\hat{\gamma}_x(0)$、$\hat{\gamma}_y(0)$ 分别为变量 x、y 的方差；$\hat{\gamma}_{xy}(h)$ 为时滞协方差系数，其表达式为

$$\hat{\gamma}_{xy}(h) = \frac{\sum_{t=1}^{n-h}(x_{t+h}-\bar{x})(y_t-\bar{y})}{n} \tag{1.7}$$

式中，h 为时滞时间；n 为样本容量。互相关函数的显著性可根据对应自由度的普通相关系数显著性进行判定。例如，Chen 等（2014）收集计算了永安河流域五年的氮输出负荷与水体氮浓度数据，采用互相关函数分析了负荷与水体浓度之间的时滞时间；类似地，van Meter 和 Basu（2017）采用互相关函数分析了加拿大某流域的人为氮输出负荷与水体浓度之间的时滞时间。该方法用于分析响应关系时滞

性时，具有明显的劣势：①对时间序列的要求比较严格，一般应满足平稳性假设，且数据不能有缺失，为了获得较为可靠的结果，需要长时间的监测数据，然而这些条件在实践中往往难以得到满足；②当响应变量和预测变量的时间序列均有周期性特征时，变量之间往往会有较强的相关关系，此时根据互相关系数得到的时滞时间不同可能是由于各自周期性特征，其不能被视为真正的时滞时间。

在管理实践中，响应的非线性和时滞性往往是同时出现的，除了响应关系的时滞时间节点或者大致范围外，不同时滞时刻对应的响应情况可更好地描述水质对负荷削减的响应。因而，响应的时滞性和非线性特征需要同时考虑。常见的做法有两种：①首先采用互相关函数（cross correlation function，CCF）确定变量之间的时滞时间，然后建立对应时滞间隔的响应关系。此类方法可能存在方法衔接性差的问题，即互相关函数是一种识别线性关系的方法，识别出的时滞时间和变量是线性相关的，而后接非线性关系的方法不合理。②不对时滞时间进行预先识别，而是首先建立对应于不同时滞时间的非线性响应关系，然后根据模型的复杂程度和拟合优度选择最佳模型，优选出的模型既含有时滞时间，又包含非线性响应关系（Obenour et al.，2015）。此类方法适用于处理时滞时间较短的问题，当时滞时间持续较长时，模型的维度会很高，有可能会对计算效率造成困扰。此外，这两类方法均需要较长时间序列的数据来得到可靠的时滞时间和非线性关系，可能面临数据缺失或者难以获得的限制。

1.2.4.3 机理模型法

机理模型是根据物质和能量守恒定律，采用方程描述变量之间关系的数学模型。由于水质对负荷削减的非线性和时滞性通常是同时出现的，统计模型在处理响应时滞问题时受监测数据完整性和监测数据频次等多方面的限制，而机理模型则可通过对机理过程的认知和数学表达，同时表征水质与负荷之间的响应关系。

根据机理模型的时空精度和复杂程度，可将其分为简单机理模型和复杂机理模型两类。简单机理模型为零维或一维模型，通常由少数几个方程组成，这些方程被认为描述了所关注问题的主要机理过程，而略去了其他次要过程。例如，Arhonditsis 等（2007）建立了淡水生态系统的磷-碎屑-浮游植物-浮游动物模型，可用于表达营养盐负荷与水质变量之间的关系；Li 等（2015）建立了异龙湖动态营养盐驱动浮游藻类模型，采用情景分析法探究了外源负荷削减对异龙湖 TN、TP 和 Chla 浓度的响应，指出单独依靠外源负荷的削减，难以实现恢复生态系统的目的；Wu Z 等（2017）建立了滇池季节性动态富营养化模型，采用情景分析法探究了不同外源负荷削减策略下的水质响应，发现内源负荷的贡献比外源负荷重要，单独依靠外源负荷削减难以恢复生态系统。

复杂机理模型具有很高的时空精度，模型通常由几个模块组成。每个模块包含若干方程，可模拟三维空间上的生态过程。常见的复杂机理模型包括 EFDC 模型、QUAL2K 模型、WASP 模型和 MIKE 模型等（陆莎莎和时连强，2016）。例如，Zhao 等（2013）采用 EFDC 模型研究了异龙湖浊水稳态时负荷削减对 Chla 浓度的影响，发现当营养盐负荷削减高达 77%时，Chla 浓度仅会降低 50%，大型植物对于异龙湖生态系统恢复具有至关重要的作用；Wang 等（2014）采用 EFDC 模型研究了滇池外源负荷削减与 Chla 浓度之间的关系，指出藻类暴发与负荷削减之间存在复杂的非线性关系；Chen 等（2016）采用 EFDC 模型研究了丹江口水库在不同调水和 TN 添加情景下的水质变化情况。

无论是应用简单机理模型还是应用复杂机理模型，在分析水质对负荷削减响应时采用的方法均为情景分析法。尽管情景分析的严格定义为预测未来事件态势的产生并分析可能产生影响的完整过程（刘永等，2005），但是在上述应用中，从为污染物负荷削减决策提供有力支撑的角度出发，情景分析主要是指设定未来污染物负荷削减（增加）的可能情况（一般为具有梯度的一系列削减比例），分析各种情况下目标指标的变化，以评价不同负荷削减策略效果的过程。显然，在研究水质对负荷削减响应时，情景应指负荷削减（增加）的比例或者质量。

尽管情景分析能够展示水质对污染物负荷响应的非线性和时滞性关系，能为负荷削减决策提供重要支撑，但是由于负荷削减的情景往往是在基准情景的基础上进行恒定的污染物负荷削减，因而该方法尚无法定量和直观地体现负荷削减对水质的非线性和时滞性的影响：对于负荷削减后的某一时刻水质状态，无法说明该时刻水质的变化是哪个时段的负荷削减导致的（状态变量的记忆效应），也无法说明特定时刻的负荷削减对其后哪些时段的水质变量产生了影响（负荷削减的时滞效应）；由于无法揭示响应关系的时滞性特征，情景分析也无法准确地表征响应关系的非线性特征。

1.3　研　究　内　容

由文献综述可知，尽管国内外研究者对于水质达标评价方法、营养盐基准制定方法及水质对负荷响应方法进行了诸多探索，但是尚未很好地解决风险来源的识别问题：①在水质达标评价中，采用统计学方法可对水质变量的不确定性进行表征，然而现有的研究忽视了与水质达标评价决策相关的成本问题，使得方法过于强调统计学的逻辑性，而缺乏管理的实用性；②在营养盐基准的制定中，过于强调营养盐基准的制定方法，对于营养盐基准在时间、季节和空间维度上的动态性关注不够，尤其是在空间维度上强调建立区域性营养盐基准，但缺乏对其合理性的验证；③在水质对负荷削减的响应研究中，采用统计学方法难以实现非线性和时滞性的同步探索，采用机理模型时常用的情景分析法不能回答特定时段的负荷削减产生了何种效果的问题。

同时，在水质目标管理实践的 3 个关键步骤中，存在如下 3 个问题：①如何将变量不确定性和成本纳入水质达标评价中，获得更为可靠的、能为管理提供定量信息的评价结果。②营养盐基准在时间、季节和空间维度上是否存在动态性。③如何回答特定时段负荷削减对水质改善的效果，以提高对污染防治措施效果的认知。显然，已有的研究尚不能解答这 3 个问题。

针对上述问题，本书提出水质目标风险来源的识别方法体系并对不同的识别方法进行应用研究：①在水质达标评价中，将水质变量的不确定性与污染防治成本、水质损失成本耦合在一起，提出一种面向管理的水质达标评价方法，采用该方法对滇池水质进行了分级评价，获得了不同成本情景下的水质级别评价结果；②以 Chla-TP 响应关系的动态性识别为例，提出一种基于模型选择的动态性识别方法框架，通过分别建立非动态模型和动态模型，对响应关系动态性的存在与否进行识别，分别选择异龙湖、滇池外海和美国东北部湖区作为研究案例研究地，将该框架分别应用于响应关系在时间、季节、空间维度上的动态性识别中；③在识别水质对负荷削减响应的非线性和时滞性时，以水质模型作为模拟湖泊系统中氮和磷迁移转化过程的工具，提出一种基于扰动分析的响应非线性和时滞性识别方法，能同时揭示水质对负荷削减的非线性和时滞性响应特征，以滇池外海作为案例地建立三维水质水动力模型，验证方法的合理性。上述 3 部分研究内容详细阐述如下。

1.3.1　面向管理的湖泊水质达标评价

由文献综述可知，以往的统计学方法进行水质达标评价的研究主要集中在对统计学方法应用和改进上，而忽视了水质达标评价与水质管理决策之间的重要联系。本书将成本维度纳入水质达标评价中（图 1.9），在第 2 章提出面向管理的湖泊水质达标评价方法，并对滇池水质进行分级评价。

传统上，水质达标评价是根据已有的监测数据对水质现状与浓度限值进行对比以判定水质是否达标的过程。实践中，对尚未实施污染防治措施的水体而言，水质达标评价是确定相应措施与否的重要依据；对已经实施污染防治措施的水体而言，水质达标评价是评估管理效果，判断是否需要改变措施强度的重要依据。采用统计学方法对水质是否达标进行假设检验时会导致弃真错误或取伪错误，分别对应污染防治成本和水质损失成本。水质达标评价应以不同管理决策的期望损失为基础，以更好地服务于管理需求。据此，本书首次提出面向管理的水质达标评价方法的概念，将其定义为：根据水质达标评价的两类错误导致的期望损失判

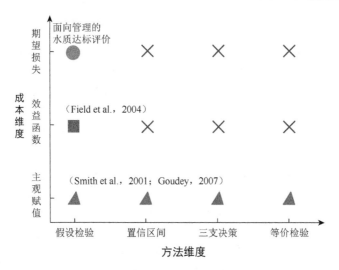

图 1.9　水质达标评价方法的方法和成本维度

断水质是否达标的过程。根据该方法可直接判定是否应该实施污染防治措施或者改变污染防治措施的强度。

其主要研究内容包括：①针对已有的成本最小化的环境管理决策方法（Field et al.，2004）存在的问题，提出面向管理的水质达标评价方法的基本框架，包括风险矩阵的计算、给出成本矩阵、求得期望损失函数和进行水质达标决策 4 个基本步骤。②针对水质达标评价中常见的分位数标准和平均值标准，分别选择二项分布总体和正态分布总体阐述水质达标评价的详细过程，阐述弃真错误概率和取伪错误概率的计算方法，给出不同成本比值（措施成本/损失成本）下期望损失函数和决策函数的计算方法，探究成本比值对二项分布总体的最大允许超标个数和正态分布总体的最大允许平均值的影响。③以滇池水质为例，分别假设水质变量服从二项分布和对数正态分布，选择一年和五年作为水质达标评价的周期，根据我国地表水环境质量标准对水质级别的要求，通过多次水质达标评价，对滇池近20 年来的水质级别进行评价，探究不同的成本比值对级别评价结果的影响，阐述在进行水质达标评价时将成本维度纳入考虑的必要性，验证面向管理的水质达标评价方法的合理性。

1.3.2　基于模型选择的响应动态性识别

一方面，由文献综述可知，对营养盐基准的相关研究偏重于对营养盐基准值推导方法的研究，并以生态分区作为营养盐基准的空间尺度，忽视了对生态分区作为空间尺度合理性的探讨。另一方面，在与响应关系动态性相关的研究中，往往不加区分地使用动态模型而缺乏对使用动态响应关系是否合理的探讨。这些做法可能会导致对响应关系的错误识别，即对动态响应关系错误地使用非动态模型描述或对非动态响应关系错误地使用动态模型描述，从而使得人们对水质改善产生错误的预期，造成水质状况预期与水质实际状况的偏差。

针对上述问题，本书在第 3 章提出基于模型选择的湖泊响应动态性识别，通过选择合理的模型评价准则对动态模型和非动态模型的合理性进行评估，避免盲目地使用动态模型或非动态模型。主要研究内容包括：①阐述基于模型选择的响应动态性识别方法，该框架包括动态参数的设定、备选模型的建立、模型的评价与比较和响应关系动态性的判断 4 个步骤，其中备选模型包括动态模型和非动态模型，备选模型的建立是该方法能够进行响应动态性识别的基础。随后，针对湖泊营养盐基准，选择不同的案例地，对 Chla-TP 响应关系在时间、季节和空间维度上的动态性进行识别。②异龙湖近十几年来经历的稳态转换和干旱事件使得其成为研究响应关系在时间维度上动态性识别的合适案例地，建立含有不同突变点个数（0、1、2、3）的贝叶斯突变点模型，识别响应关系是否具有时间维度上的动态性及不同突变点前后响应关系的差异，最后对响应关系的动态变化与状态变量的动态变化进行区分和讨论。③基于长时间序列的可得性，选择滇池外海作为研究响应关系在季节维度上动态性的案例地，建立数据完全聚集模型、部分聚集模型（贝叶斯层次模型）和完全不聚集模型，通过模型筛选识别是否存在季节性的动态变化特征，并就生态学和环境科学领域广泛使用的贝叶斯层次模型的适用性进行讨论。④基于大量湖泊长时间序列数据的可得性，选择美国东北部湖区作为研究响应关系在空间维度上动态性的案例地，提出基于响应关系的聚类方法，使用该方法对美国东北部湖区的 4 个生态分区内湖泊的响应关系进行聚类，根据模型选择过程对最佳类别个数进行筛选，并对营养盐基准的空间尺度进行讨论。

1.3.3 基于扰动分析的响应非线性和时滞性识别

湖泊水质对负荷削减的非线性和时滞性响应已经被广泛地认知，忽视了响应的非线性和时滞性特征而认为水质对外源负荷削减的响应是线性的和即时的，必然会对水质改善状况的评价产生巨大的偏差。因而，将水质对负荷削减的非线性和时滞性响应定量化对于管理决策具有重要意义。

统计学方法在探究响应的非线性和时滞性时，往往不能同时处理非线性和时滞性响应，且对时滞时间的识别依赖于监测数据的时间精度。机理模型能够将污染物在湖泊中复杂的迁移转化过程采用数学方程的形式进行表征，采用情景分析法能够回答负荷的持续性削减将在何时导致何种水质改善的问题。然而，情景分析时令负荷持续削减，不能区分特定时段负荷削减的效果，不能回答特定时段的负荷削减于何时产生何种效果的问题，因而采用情景分析只能描述负荷削减的综合效果，为管理决策提供模糊的信息。

针对上述问题，本书在第 4 章提出基于模型的扰动分析法，用于识别湖泊水质对负荷削减的非线性和时滞性响应，区别于传统的情景分析法，本书提出的扰动分析法在设置扰动情景时负荷并非持续削减而是仅在初始一段时间进行削减。主要研究内容包括：①对生态学研究中的扰动分析法进行简介，阐述本书提出的基于模型的扰动分析法的基本步骤，包括基准情景的设置、水质模型的建立、水质响应的获得和扰动效应曲线的获得 4 个步骤。②以滇池外海作为案例研究地，借助已有的滇池三维水质水动力模型，介绍该模型的基本信息及在基准情景下水质的响应。③提出用于定量化被削减负荷对湖泊水质表观影响的 3 个指数，分别为表观输入率、表观效应率和表观循环率，分别表示负荷削减对湖体负荷输入、湖体负荷存量和湖泊系统通量过程的影响，采用扰动分析法研究湖体 TN 和 TP 存量对负荷削减的非线性特征，包括研究水质对负荷削减的非线性响应、削减强度的非线性响应、削减分配的非线性响应及协同削减的非线性响应 4 个方面。④定义与响应时滞相关的 4 个时刻，分别为负荷削减开始产生效果的时刻、效应最大的时刻、效应消除的时刻和效应发生突变的时刻，采用扰动分析法研究响应的时滞性特征，同时探讨负荷削减强度、负荷削减分配和氮磷协同削减对时滞性的影响。

本书将风险来源识别对决策的影响总结为图 1.10，该图对本书的内容和意义进行概括。针对某一特定问题（如控制 Chla 浓度在 $40\mu g/L$），在理想情况下可获得与目标变量有关的全部因子，组成 $K+M$ 维的相关域，在相关域内任何维度的变化均会引起目标变量的变化，因而决策 D 的决策空间为 $K+M$ 维的，且存在无数种组合。然而由于人们对系统认知的不完全性，无法获得与目标变量相关的全部因子，且并不是全部的驱动因子都是可控的，而只能根据当前人们对系统的认知在决策域内进行决策。决策域是指可通过人为干扰改变的驱动因子组成的 K 维空间，而非决策域（M 维）则是指除去决策域中因子组成的空间，包括未被认知的驱动因子和虽然已经被认知但尚不可控（或不可预测）的因子，由于决策域和非决策域均会影响目标变量，因而 K 维决策域与 M 维非决策域在二维坐标下组成了等效应面，对应于目标变量的特定的目标值。当决策者错将 K 维决策域作为相关域时（即认为信息是充分的），会在决策域内对决策变量做出决策（表现在二维坐标中为点 d）。显然，此时的决策极有可能导致预期与实际状况的偏差，即产生风险。而产生风险的根本原因是对系统的未知性，即对非决策域的忽视。

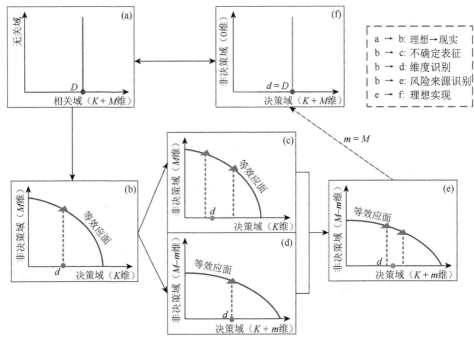

图 1.10　风险来源识别对决策影响的概念图
m 表示从非决策域中识别出的决策变量个数/维度数

　　为了提供决策的有效性，需要对非决策域进行识别，略去识别过程，识别的结果有两种：①认识到非决策域中的某些因子会对目标变量产生影响，但是该因子是不可控的或者不可准确预测的，此时决策域被认为是 K 维的，但部分非决策域因子的影响被作为不确定性进行定量表征，决策变量由单值变为了区间，或者是在保证一定风险水平下的单值；②认识到非决策域中的某些因子会对目标变量产生影响，且该因子可控或可被精确预测，此时该因子可作为决策域中的新维度，即实现了维度识别过程。显然，风险来源识别方法即为不确定性表征或维度识别过程。经过上述两个过程，产生新的决策域，对应新的决策。显然，新的决策能够减小风险，提高决策的有效性。理想情况下，全部的 M 维非决策因子能够被完全识别，则决策域即为相关域，不会产生任何风险。尽管无法预知这种理想情况能否实现，但是风险来源识别方法能为不断地认识和识别风险、提高决策的有效性提供有效工具。可见，风险来源识别的过程可认为是"理想"实现的过程。

　　本书提出的风险来源识别方法可为管理决策提供指导和借鉴：①在水质达标评价中，当不同湖泊污染防治成本与水质损失成本的比值不同时，即便监测水质完全相同，由于期望损失函数存在差异，其评价结果也可能不同；面向管理的水质达标评价方法能够给出定量的期望损失，为判定水质是否达标提供与成本相关的依据。②在基于压力响应模型的生态学水质基准（如营养盐基准）的建立中，由于响应关系受到稳态转换、季节因素和空间异质性的影响而具有动态性特征，制定的水质基准可能不能反映特定湖泊在特定时期的目标要求；基于模型选择的响应动态性识别方法能够对是否采用动态模型进行判定，更加精确地给出特定湖泊在特定时期的水质基准，有助于设定更加合理的水质目标。③在负荷削减决策中，研究或区分特定时段（如"十二五"期间）负荷削减的效果对于科学评估该时段污染防治措施的效果具有重要意义，由于响应的时滞性和非线性难以从监测数据中剥离特定时段的效果，并且情景分析法中负荷削减情景为持续削减也不能将特定时段负荷削减效果定量化，因而在实践中难以对特定时段负荷削减效果进行科学评估；基于模型的扰动分析法通过设定扰动情景能够将特定时段负荷削减效果定量化，用于评估已有或将进行的污染防治措施的效果。

1.4 技 术 路 线

本书采用的技术路线如图 1.11 所示。根据文献归纳总结发现，虽然水质目标管理已经成为流域水污染防治的主要手段，但在实践中仍然面临着水质预期与实际状况存在较大偏差的问题，因此本书提出了湖泊水质目标风险管理的概念，识别出水质目标风险的 4 个来源（不确定性、动态性、非线性和时滞性），在湖体层面归纳出 3 个关键步骤（水质达标评价、水质基准建立和负荷削减决策）。根据每个步骤可能出现的风险来源，将研究分为面向管理的湖泊水质达标评价、基于模型选择的湖泊响应动态性识别和基于扰动分析的湖泊响应非线性和时滞性识别 3 部分内容。

本书在第 2 章、第 3 章和第 4 章提出的 3 种风险来源识别方法均为框架性的，可根据不同的案例特征选择具体的方法。在滇池水质分级评价中，采用经典统计学的假设检验方法求解两类错误概率，将成本维度纳入决策函数进行水质达标评价，通过多次达标评价确定水质级别。在湖泊营养盐基准动态性识别中，采用贝叶斯统计学方法，分别建立了贝叶斯突变点模型、贝叶斯层次模型和基于响应关系的聚类方法对响应关系在时间、季节和空间维度上的动态性进行识别，在 JAGS 和 STAN 软件中实现。在滇池水质对负荷削减响应的非线性和时滞性识别中，借助复杂水质模型（IWIND-LR）对氮和磷在湖泊系统中的迁移转化过程进行模拟，采用扰动效应曲线、3 个表观通量指数、4 个时滞时间点的非线性和时滞性特征。具体研究方法将在本书第 2 章、第 3 章和第 4 章首节进行详细阐述。

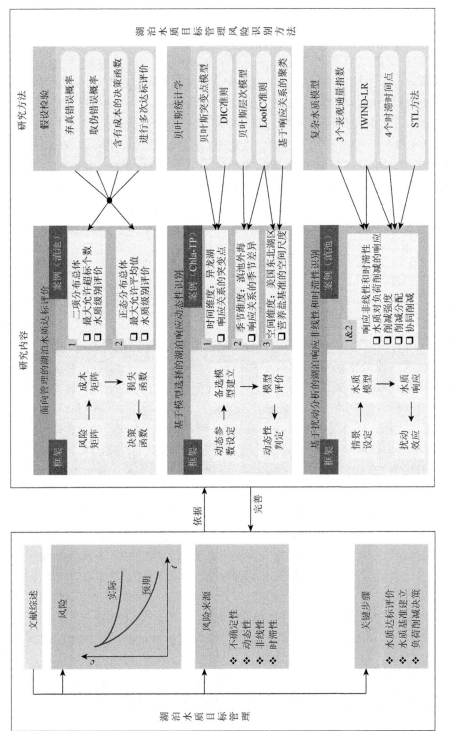

图 1.11　技术路线

第 2 章　面向管理的湖泊水质达标评价

2.1　面向管理的湖泊水质达标评价方法

科学的水质达标评价方法有利于正确地表征水质状态，对于决定是否实施污染防治措施或改变污染防治强度具有重要意义，科学的水质达标评价是进行湖泊水质目标风险管理的重要一环。水质变量在时空维度上具有不确定性（变异性），使得在水质达标评价实践中采用样本统计量估计总体特征时会产生弃真错误或取伪错误。忽视水质变量的不确定性可能导致对水体状态的错误评估，使得水质预期与实际状况产生偏差，带来风险。传统的水质达标评价方法侧重于采用统计学方法评估水体的状态，而忽视了与水质达标决策紧密相关的污染防治成本和水质损失成本，使得水质达标评价方法与管理决策脱钩。针对上述问题，本章提出面向管理的湖泊水质达标评价方法，在传统水质达标评价方法的基础上，将成本作为重要维度纳入水质达标评价过程，以期为水质达标决策提供直接的、定量的依据。为了比较该方法与成本最小化的环境管理决策方法（Field et al.，2004）之间的区别，本章首先简要介绍了成本最小化的环境管理决策方法，指出该方法存在的问题，然后阐述面向管理的水质达标评价方法的框架，以及其在二项分布总体和正态分布总体时的关键步骤，最后以滇池为案例研究地，按照我国地表水环境质量标准对水质分级的要求，分别以一年和五年为评价周期通过多次水质达标评价对水质进行分级评价，分析成本比值对水质级别评价结果的影响。

2.1.1　成本最小化的环境管理决策

成本最小化的环境管理决策最早是由 Field 等在 2004 年提出的（Field et al.，2004），并应用于判断是否应该停止发展旅游业以保护考拉种群。该方法由如下 4 个步骤构成（图 2.1）：①以伯努利分布的形式，给定环境状态达标和超标（符合要求和不符合要求）的先验信息，达标和超标的概率之和为 1。②分别求出环境状态为达标和超标时，根据监测数据正确和错误地探测出真实状态的概率，共有 4 种不同组合和对应的概率。③给出 4 种不同组合采取的管理决策、核算措施实施所需要的成本和超标但未采取措施时的损失。④根据不同组合的概率和对应的成本或者损失，计算总成本。以总成本最小化为目标，得到最优的弃真错误概率，并以此指导环境状态的达标评价。由于环境和生态数据的获取也需要付出成本，因而监测成本也纳入了总成本的计算之中。期望总成本的计算公式如下：

$$E(\alpha) = (1-\delta)\alpha R + \delta[(1-\beta)R + \beta V] + M \qquad (2.1)$$

式中，$E(\alpha)$为期望总成本；δ为环境状态超标的先验概率；α和β分别为弃真错误概率和取伪错误概率；R、V和M分别为措施实施的成本、超标但未采取措施时的损失成本和监测成本。最优弃真错误概率的计算公式为

$$\alpha_{op} = \mathop{\arg\min}\limits_{0<\alpha<1}\{E(\alpha)\} \qquad (2.2)$$

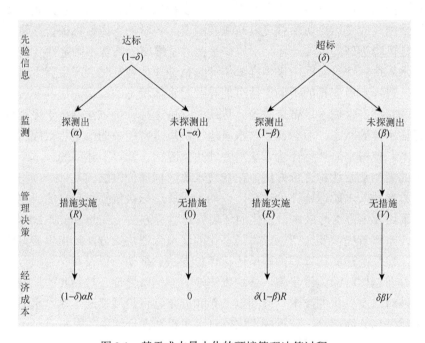

图 2.1　基于成本最小化的环境管理决策过程

Mudge 等（2012a）对该方法进行了进一步的阐述和精简：不考虑达标和超标的先验信息（等价于达标和超标的先验概率均为 0.5）和监测成本，未核算措施实施所需要的成本 R 和超标但未采取措施时的损失 V，而是引入了两类错误的相对损失比的概念（$C_{I/II}$），将式（2.1）简化为下式：

$$\omega_c = \frac{C_{I/II} \times \alpha + \beta}{C_{I/II} + 1} \qquad (2.3)$$

式中，ω_c为相对总损失；α和β分别为弃真错误概率和取伪错误概率；$C_{I/II}$为弃真错误和取伪错误的相对损失比（即成本比值）。该式可用于探究不同 $C_{I/II}$ 对最优弃真错误概率 α_{op} 的影响。

上述成本最小化的环境管理决策方法在水质达标评价层面具有启发意义，主

要表现在将成本纳入达标评价决策中，不仅避免了统计学方法中对弃真错误和取伪错误概率阈值选取准则的讨论，而且可为管理决策提供定量的成本信息。然而，上述方法在统计决策的思路方面存在如下两个方面的问题：①先验信息不符合实际状况。该方法需要提供水质达标与否可能性的先验信息；根据总成本的计算函数［式（2.1）］可知，先验信息对于最优弃真错误概率的确定具有重要影响。然而实际状况是，水体的达标与否是确定性的，即若非达标则必超标。水质达标评价过程的不确定性是采用监测数据（即样本）对水体状态（总体特征）进行统计推断导致的，而非水质的本来状态是不确定的，因而这种预设不符合实际状况。②以总成本最小决定最优弃真错误概率的方法有误。该方法将水体达标和超标的期望损失求和，以确定最优弃真错误概率。然而，在进行水质达标评价决策时，对水质状态达标和超标的判定是互斥的。因此，不同的决策导致的期望损失不具有可加性。这两个方面的错误导致该方法并不适用于水质达标评价，需要通过理论方法创新克服上述问题。为此，本书提出一种不依赖于水质达标与否的先验信息和能够正确地处理两类错误带来期望损失的水质达标评价方法，以期为我国水质达标评价工作提供一些参考。

2.1.2　面向管理的湖泊水质达标评价的步骤

本章提出的面向管理的水质达标评价，包括如下 4 个步骤（图 2.2）：①根据水质变量的分布和监测数据，求弃真错误和取伪错误的概率，得到风险矩阵。②给出污染防治的成本和水质超标时对受体（如人体健康和生态系统）造成的损失成本，得到成本矩阵。③根据风险矩阵和成本矩阵得到判定为水质达标时的损失函数，以及判定为水质超标时的损失函数。④根据决策函数确定水质达标评价的结果。通过对比两种决策的损失函数，选择期望损失较小的决策作为水质达标评价的最终结果；也可先计算出最优弃真错误概率，再与监测数据的弃真错误概率进行对比，确定水质达标评价的最终结果。该方法可保证水质达标评价结果的期望损失最小。

风险矩阵和成本矩阵的确定是该方法的基础：风险矩阵从统计学的角度表征了水质变量的不确定性；成本矩阵从管理决策的角度表征了不同决策对应的成本，该成本可是客观上的经济成本，也可是决策者主观上判定的相对成本，体现了决策者的利益权衡。损失函数和决策函数的选择则是本书区别于已有研究的理论创新点，是该方法的关键。损失函数将风险矩阵和成本矩阵相结合，使得该方法既能根据监测数据科学地描述水质状态，具有科学性，又能着眼于管理成本，为决策提供直接依据。决策函数不是考虑期望总成本，而是根据不同决策带来的期望损失大小进行水质达标评价，更符合水质达标评价的要求。因此，相对于传统方

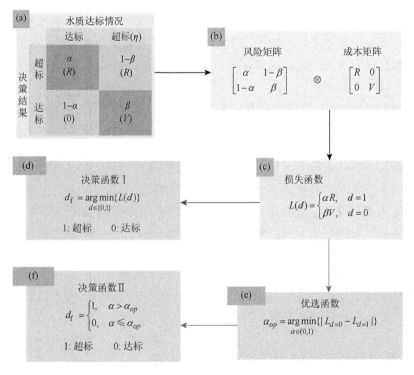

图 2.2　面向管理的水质达标评价方法

法多侧重于采用统计学方法表征水质变量的不确定性，以及成本最小的管理决策方法对决策函数的错误选择而言，本书提出的方法能够更加快捷和科学地提供决策建议，为一种面向管理的水质达标评价方法。

2.1.2.1　风险矩阵

风险矩阵体现了水质变量的时空变异性对水质达标决策的影响，它是表征水质实际达标或超标状态与达标评价结果之间组合可能性的矩阵，由 4 个元素组成，为 2×2 矩阵 [式（2.4）]。需要说明的是，图 2.2 中和式（2.4）中取伪错误概率是在特定效应值下计算得到的，因而不能代表所有超标情况的取伪错误概率。

$$U = \begin{bmatrix} \alpha & 1-\beta \\ 1-\alpha & \beta \end{bmatrix} \tag{2.4}$$

式中，α 和 β 分别为弃真错误概率和取伪错误概率；α 为当水质达标时判定为超标的概率；$1-\alpha$ 为当水质达标时判定为达标的概率；$1-\beta$ 为当水质超标时判定为超标的概率；β 为当水质超标时判定为达标的概率。矩阵第一列为实际水质达标时，不同决策对应的概率；第二列为实际水质超标时，不同决策对应的概率。二者组合形成的风险矩阵，不仅包含了产生错误的风险，还包括了判定正确的概率，是对水质变量不确定性导致的决策风险的全面表征。

2.1.2.2 成本矩阵

成本矩阵为表征风险矩阵各元素对应损失的矩阵。成本矩阵由水污染防治的成本和水体超标导致的受体损失构成。对应于风险矩阵，成本矩阵也由 4 个元素组成，为 2×2 矩阵。在水质达标评价中，有两种情况需要进行污染防治：一种是当实际水质超标而判定为水质超标时；另一种是当实际水质达标而判定为超标时。显然，第一种情况为必须要付出的成本，因而不应作为决策导致的损失而纳入损失函数的计算之中。因此，对应的成本矩阵为

$$C = \begin{bmatrix} R & 0 \\ 0 & V \end{bmatrix} \qquad (2.5)$$

式中，R 为污染防治成本；V 为水质损失成本。成本矩阵的获得，应根据污染防治的工程成本和管理成本等核算水污染成本，根据水污染对人体和生态系统的损害评估损失。上述计算比较复杂，本书未对污染防治成本和水质损失成本进行核算，而是设定不同的成本比值研究成本维度对水质达标评价的影响。

2.1.2.3 损失函数

损失函数是指不同水质达标决策对应的期望损失。由于对水质做出达标和超标的判定是互斥的，因而损失函数包括上述两种决策情况。损失函数由风险矩阵和成本矩阵通过特定的运算获得。本章定义了用于两个 2×2 矩阵之间的运算符（⊗），表示由风险矩阵和成本矩阵得到损失函数的过程。运算符 ⊗ 对应的运算过程如式（2.6）所示，采用该运算符对风险矩阵和成本矩阵进行运算（风险函数在前，损失函数在后），可得到两个损失函数 [式（2.7）]：

$$\begin{bmatrix} a_1 & a_2 \\ b_1 & b_2 \end{bmatrix} \otimes \begin{bmatrix} p_1 & p_2 \\ q_1 & q_2 \end{bmatrix} = \begin{cases} a_1 \times p_1 + a_2 \times p_2, & d = 1 \\ b_1 \times q_1 + b_2 \times q_2, & d = 0 \end{cases} \qquad (2.6)$$

$$L(d) = U \otimes C = \begin{cases} \alpha R, & d = 1 \\ \beta V, & d = 0 \end{cases} \qquad (2.7)$$

式中，当 $d = 1$ 时判定为水质超标，其对应的损失函数由风险矩阵第一列的两个元素乘以成本矩阵第一列的两个元素后加和得到；当 $d = 0$ 时判定为水质达标，其对应的损失函数由风险矩阵第二列的两个元素乘以成本矩阵第二列的两个元素后加和得到。

2.1.2.4　决策函数

决策函数为根据损失函数中的期望损失判定水质达标情况的函数。根据期望损失最小的原则，应该选择期望损失最小的函数对应的水质状态为最终的评价结果。因而，在获得损失函数之后，可方便地根据决策函数对水质达标情况进行判定［式（2.8）］：

$$d_f = \mathop{\arg\min}_{d \in \{0,1\}}\{L(d)\} \tag{2.8}$$

式中，d_f 为最终的水质达标评价结果，当 $d_f = 1$ 时判定为水质超标，当 $d_f = 0$ 时判定为水质达标。此为第一类决策函数。

此外，对于特定的分布和效应值，取伪错误概率随着弃真错误概率的增大而减小，弃真错误概率和取伪错误概率之间具有确定的关系式。因而，可首先根据损失函数建立优选函数，用于求解最优的弃真错误概率［式（2.9）］，然后根据监测数据求解监测数据的弃真错误概率，与最优弃真错误概率对比即可对水质进行达标评价。

$$\alpha_{op} = \mathop{\arg\min}_{0 < \alpha < 1}\{|L_{d=0} - L_{d=1}|\} \tag{2.9}$$

式中，α_{op} 为用于保证水质达标评价决策的期望损失最小的最优弃真错误概率；$L_{d=0}$ 和 $L_{d=1}$ 分别为判定为水质达标和超标时的期望损失函数。此时，对应的决策函数为

$$d_f = \begin{cases} 1, & \alpha > \alpha_{op} \\ 0, & \alpha \leqslant \alpha_{op} \end{cases} \tag{2.10}$$

式中，d_f 为最终的水质达标评价结果，$d_f = 1$ 时判定为水质超标，$d_f = 0$ 时判定为水质达标；α 为根据监测数据得到的弃真错误概率；α_{op} 为根据优选函数确定的最优弃真错误概率。此为第二类决策函数。

对二项分布总体而言，当样本容量、最大允许超标概率和效应值确定之后，根据决策函数获得的最优弃真错误概率即可得到对应的最大允许超标个数，则只根据监测数据的超标个数是否超过最大允许超标个数即可对水质达标情况进行判定。因此，为了便于在水质达标决策中的应用，本书对于二项分布总体给出最大允许超标个数作为决策依据。对正态分布总体而言，不同水质指标乃至相同水质指标的不同监测断面的样本均值和方差均可能存在较大差异，因而需要根据特定的对象进行具体分析，而难以给出通用的最大允许浓度值。

2.2　服从二项分布的水质变量评价

尽管常规水质监测中没有服从二项分布的水质变量，但将水质监测数据与特

定的标准进行比较，可获得某次特定的监测是否超标的结果，从而易将水质监测数据转化为(0,1)变量，则多次监测数据的超标次数服从二项分布。二项分布中的成功概率可方便地转化为样品的超标概率，适用于分位数标准的达标评价。

2.2.1　水质达标评价过程

2.2.1.1　两类错误概率

弃真错误概率和取伪错误概率的计算是获得风险矩阵的关键。根据分位数标准规定的浓度限值，当水质的超标率超过了可接受风险水平时判定为水质超标。例如，US EPA 规定超标率超过 10%的水体为受损水体，将水质指标视为随机变量，则要求总体分布的 90%分位数低于水质标准时，方能判定水质达标。本书借鉴 US EPA 对水质的要求，采用二项分布检验法，对水质变量的超标率是否超过10%进行检验。

在进行二项分布检验之前，应该先对监测数据进行(0,1)变换，将监测数据全部转化为(0,1)变量。假设水质标准限值为 θ，数据(0,1)变换时采用的方法为：将某次监测数据 x 与水质标准进行对比，对比后的结果记为 y，如果 $x>\theta$，则该次监测的水质超标，记为 $y=1$；如果 $x\leqslant\theta$，则该次监测水质未超过标准，记为 $y=0$。令参数 p（$0<p<1$）为成功概率，表示总体的超标（$x>\theta$）概率，则新定义的变量 y 服从成功概率为 p 的伯努利分布，其分布律为

$$P\{y=m\}=\begin{cases}p, & m=1 \\ 1-p, & m=0\end{cases} \tag{2.11}$$

假定用于水质达标评价的监测数据为 $X=(x_1,x_2,\cdots,x_N)$，其中，N 为监测数据的个数。按照前述方法，将 X 中的每个元素转化为(0,1)变量，得到随机变量 $Y=(y_1,y_2,\cdots,y_N)$，则 Y 服从试验次数为 N、成功概率为 p 的二项分布，记为 $Y\sim B(N,p)$。令 n 为试验中成功的总次数，即为全部样品中超标样品的个数，根据二项分布的特征，其分布律可表示为

$$P(n=k)=C_N^k p^k (1-p)^{N-k} \tag{2.12}$$

式中，n 为成功次数（超标样品个数）；N 为试验次数（样本容量）；$P(n=k)$为成功次数（超标样品个数）为 k 时的概率；p 为超标概率。该分布函数（累积概率密度函数）可表示为

$$F(n)=\sum_{k=0}^{n} P(n=k) \tag{2.13}$$

式中，$F(n)$为成功次数为 n 时的分布函数，表示超标个数$\leqslant n$ 时的累积概率。图 2.3

展示了当成功概率为 0.1，试验次数 N 分别为 12 和 60 时的密度函数和分布函数（累积概率密度函数）。注意：由于二项分布是离散分布，因而图中点对应的为密度函数和分布函数，而将点连起来的线则没有实际意义。本节其他图的点和线也具有相同含义。

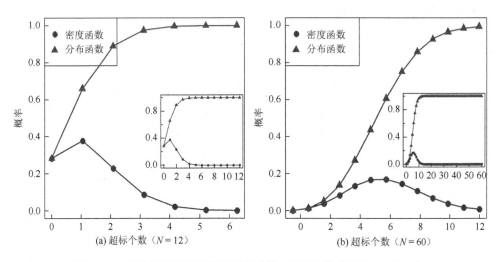

图 2.3　二项分布的密度函数和分布函数（试验次数分别为 12 和 60）

对转化后的数据进行假设检验时，可令原假设为水质达标，即超标率≤10%，则原假设为 $H_0{:}p{\leqslant}0.1$，备择假设为 $H_1{:}p{>}0.1$。令 n_c 表示监测数据中的最大允许超标个数，即在水质达标评价时，当监测值中超标个数 $n{>}n_c$ 时，则判定为水质超标；否则认为水质达标。因而最大允许超标个数实际上规定了水质达标评价的准则，此时的弃真错误概率可表示为

$$\alpha = 1 - F(n_c) = \sum_{k=n_c+1}^{N} C_N^k p^k (1-p)^{N-k} \tag{2.14}$$

式中，α 为弃真错误概率；$F(n_c)$ 为超标个数≤n_c 时的概率；N 为样本容量。

为了计算取伪错误概率，需要给定效应值（η）。效应值表示特定备择假设与原假设之间的差异，效应值的选取具有主观性。在进行水质达标评价时，当取超标概率为 0.1 时，通常选择效应值为 0.15，即特定备择假设的超标概率为 $q = p + \eta = 0.25$。取伪错误概率表示当水体的实际超标概率为 0.25 时，仍然满足水质达标评价准则的概率，即仍然能够使得超标个数小于最大允许超标个数（n_c）的概率。当特定备择假设为真时，对应的分布律为

$$Q(n = k) = C_N^k q^k (1-q)^{N-k} \tag{2.15}$$

式中，n 为成功次数（超标样品个数）；N 为样本容量；$Q(n = k)$ 为成功次数（超标

样品个数）为 k 时的概率；q 为超标概率。该分布函数可表示为

$$G(n) = \sum_{k=0}^{n} Q(n = k) \tag{2.16}$$

式中，$G(n)$ 为成功次数为 n 时的分布函数，表示超标个数 $\leqslant n$ 时的累积概率。则取伪错误概率可根据式（2.17）计算：

$$\beta = G(n_c) = \sum_{k=0}^{n_c} C_N^k q^k (1-q)^{N-k} \tag{2.17}$$

当成功概率为 0.1、效应值为 0.15、样本容量分别为 12 和 60 时弃真错误概率和取伪错误概率与最大允许超标个数之间的关系见图 2.4。由图可知，随着最大允许超标个数的增加，判定为水质超标时的弃真错误概率变小，判定为水质达标时的取伪错误概率变大。值得注意的是，即使全部监测数据均达标（最大允许超标个数为 0），判定为水质达标仍然面临着取伪错误的可能。如果按照超标比例法确定最大允许超标个数，则当 $N = 12$ 时，最大允许超标个数应为 1，此时弃真错误概率为 0.341，取伪错误概率为 0.158；当 $N = 60$ 时，最大允许超标个数应为 6，此时弃真错误概率为 0.394，取伪错误概率为 0.003。同样的实际超标比例，在样本容量不同时，面临的错误概率也不同，例如，以超标率为 1/6 为例，当 N 分别为 12 和 60 时最大允许超标个数分别为 2 和 10，对应的弃真错误概率分别为 0.111 和 0.034，取伪错误概率分别为 0.391 和 0.086。特别地，当超标个数为 0 时，对应的弃真错误概率分别为 0.72 和 0.998，取伪错误概率分别为 0.032 和 <0.01。由此可见，在水质达标评价时，同样的实际超标比例在不同的样本容量时，对决

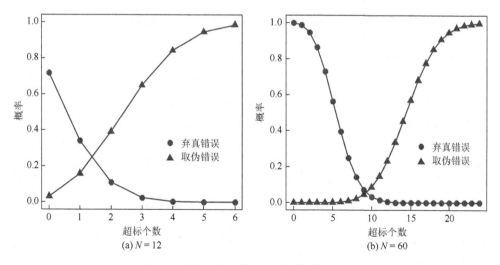

图 2.4　不同超标个数对应的两类错误概率

策不确定性的影响不同。如果单纯采用超标比例法，则会将 12 个样本时超标个数为 2 和 60 个样本时超标个数为 6 的情况等同考虑。采用统计学方法则可体现相同超标比例时不同样本容量的不同统计学意义。

当成功概率为 0.1、效应值为 0.15、样本容量分别为 12 和 60 时弃真错误概率和取伪错误概率之间的关系见图 2.5。由图可知，弃真错误概率和取伪错误概率之间具有负相关关系，即弃真错误概率随着取伪错误概率的增加而减小，反之亦然。需要注意的是，弃真错误概率与取伪错误概率之间存在严格的单调递减关系，即弃真错误概率与取伪错误概率之间是严格一一对应的，图中部分点的两类错误概率值由于相近而接近重叠或者近似有一对多关系。

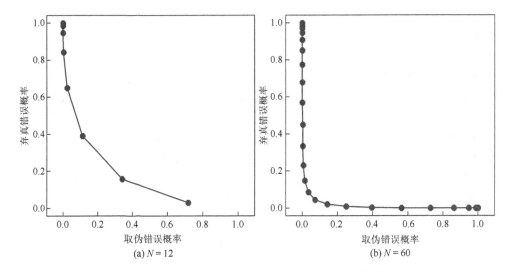

(a) $N = 12$ (b) $N = 60$

图 2.5　弃真错误概率与取伪错误概率之间的关系

2.2.1.2　损失函数

在获得弃真错误概率和取伪错误概率之后，即可根据式（2.4）建立风险矩阵。对于二项分布，风险矩阵的表达式为

$$U = \begin{bmatrix} \alpha & 1-\beta \\ 1-\alpha & \beta \end{bmatrix} = \begin{bmatrix} \sum_{k=n_c+1}^{N} C_N^k p^k (1-p)^{N-k} & \sum_{k=n_c+1}^{N} C_N^k q^k (1-q)^{N-k} \\ \sum_{k=0}^{n_c} C_N^k p^k (1-p)^{N-k} & \sum_{k=0}^{n_c} C_N^k q^k (1-q)^{N-k} \end{bmatrix} \quad (2.18)$$

式中，N 为样本容量；n_c 为最大允许超标个数；p 为原假设的水质超标概率；q 为备择假设的水质超标概率。

成本函数的计算需要对污染防治的工程成本和管理成本等进行核实和计算,需要对水质超标对人体和生态系统健康的影响进行系统评估。由于成本函数计算的复杂性和各个水体对应成本函数的特异性,本书不对具体水体的成本函数进行定量核算。由于在比较期望损失时,R 和 V 的值为影响达标决策的因素,因而本书设定了 5 种成本比值(即 R/V 值),分别为 0.1、0.5、1、2、10,代表水质损失成本很高、水质损失成本较高、两种成本相当、污染防治成本较高、污染防治成本很高的情况,并探究不同成本比值对达标决策的影响。在计算损失函数时,设定 $V=1$,则 R 分别为 0.1、0.5、1、2、10,则对应的风险函数可列出(表 2.1)。对风险矩阵和成本矩阵进行 $\otimes$ 运算,即可分别得到判定为水质超标和达标时的损失函数(表 2.1),则当成本比值确定时,损失函数即为样本容量 N、最大允许超标个数 n_c、原假设的超标概率 p、备择假设的超标概率 q 的函数。当 N、p、q 确定时,即可得到不同 n_c 对应的期望损失,根据期望损失最小的原则即可进行决策。

表 2.1　不同成本比值对应损失函数的计算表格(二项分布)

R/V	成本描述	成本函数	达标决策	损失函数
0.1	水质损失成本很高	$\begin{bmatrix} 0.1 & 0 \\ 0 & 1 \end{bmatrix}$	超标($d=1$)	$0.1 \times \sum\limits_{k=n_c+1}^{N} C_N^k p^k (1-p)^{N-k}$
			达标($d=0$)	$\sum\limits_{k=0}^{n_c} C_N^k q^k (1-q)^{N-k}$
0.5	水质损失成本较高	$\begin{bmatrix} 0.5 & 0 \\ 0 & 1 \end{bmatrix}$	超标($d=1$)	$0.5 \times \sum\limits_{k=n_c+1}^{N} C_N^k p^k (1-p)^{N-k}$
			达标($d=0$)	$\sum\limits_{k=0}^{n_c} C_N^k q^k (1-q)^{N-k}$
1	两种成本相当	$\begin{bmatrix} 1 & 0 \\ 0 & 1 \end{bmatrix}$	超标($d=1$)	$\sum\limits_{k=n_c+1}^{N} C_N^k p^k (1-p)^{N-k}$
			达标($d=0$)	$\sum\limits_{k=0}^{n_c} C_N^k q^k (1-q)^{N-k}$
2	污染防治成本较高	$\begin{bmatrix} 2 & 0 \\ 0 & 1 \end{bmatrix}$	超标($d=1$)	$2 \times \sum\limits_{k=n_c+1}^{N} C_N^k p^k (1-p)^{N-k}$
			达标($d=0$)	$\sum\limits_{k=0}^{n_c} C_N^k q^k (1-q)^{N-k}$
10	污染防治成本很高	$\begin{bmatrix} 10 & 0 \\ 0 & 1 \end{bmatrix}$	超标($d=1$)	$10 \times \sum\limits_{k=n_c+1}^{N} C_N^k p^k (1-p)^{N-k}$
			达标($d=0$)	$\sum\limits_{k=0}^{n_c} C_N^k q^k (1-q)^{N-k}$

　　当原假设超标概率为 0.1、备择假设超标概率为 0.25、样本容量分别为 12 和 60 时，期望损失与最大允许超标个数在成本比值分别为 0.1、0.5、1、2、10 时的变化情况可由图 2.6 展示。由图可知，当样本容量不变时，随着最大允许超标个数的增加，将水质判定为超标时所犯弃真错误对应的期望损失变小，将水质判定为达标时所犯的取伪错误对应的期望损失变大。当样本容量不变时，随着成本比值的增加，两种期望损失的交点（严格来讲，是差异绝对值的最小点）逐渐右移，表明随着污染防治成本与受体损失相对值的增加，决策者更倾向于接受更多的超标样品个数，而非接受固定比例的超标样品数。

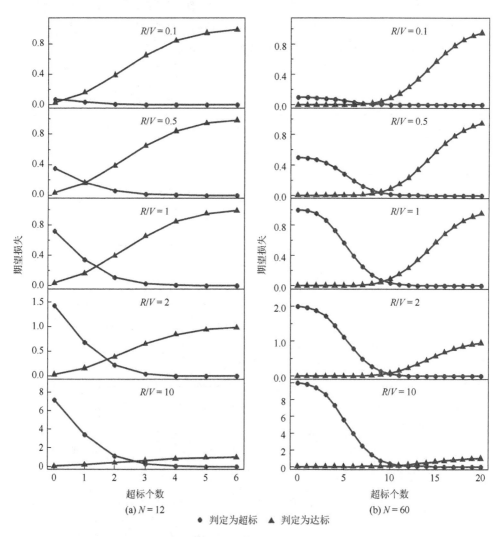

图 2.6　不同成本比值时期望损失函数与最大允许超标个数的关系

2.2.1.3　达标决策

获得两种损失函数的表达式后，可根据式（2.8）对水质达标情况进行判定，即根据第一类决策函数进行水质达标决策。对二项分布总体而言，其最优弃真错误概率和最大允许超标个数不受原始数据的特定分布影响。由于 90%分位数基准（10%超标概率）已经被 US EPA 推荐实施，因而本书固定原假设超标概率 $p = 0.1$，给定最常用的效应值 $\eta = 0.15$，则备择假设超标概率为 0.25，探究不同的样本容量和成本比值对最优弃真错误概率的影响。由于最大允许超标个数更能指导水质达标评价的实践，本书还探究了样本容量和成本比值对最大允许超标个数的影响。

当样本容量分别为 12 和 60 时，最优弃真错误概率随成本比值的变化情况见图 2.7。当样本容量固定时，最优弃真错误概率随着成本比值的增加而具有减小的趋势，表明随着污染防治成本的提高，决策者所能忍受的错误地将达标水质判定为超标的概率变小。根据式（2.9）和表 2.1 可知，最优弃真错误概率实际上由最大允许超标个数决定，由于二项分布是离散分布，因而最大允许超标个数也是离散的，这就使得最优弃真错误概率随着成本比值的变化而呈现阶梯状分布。图 2.8 为当样本容量分别为 12 和 60 时，最大允许超标个数随成本比值的变化情况，由图可知，当样本容量固定时，最大允许超标个数随着成本比值的增加而具有增加的趋势，该趋势也呈现出阶梯状。

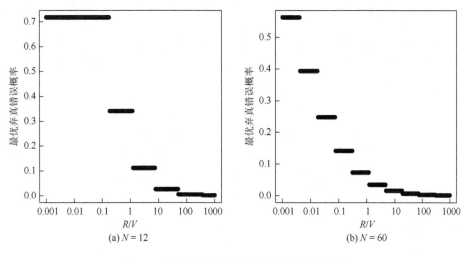

图 2.7　最优弃真错误概率与成本比值的关系

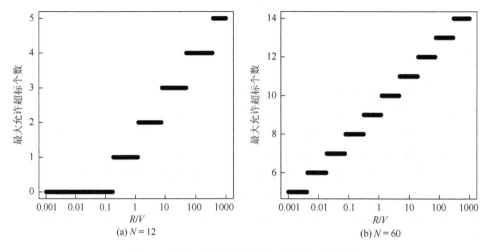

图 2.8　最大允许超标个数与成本比值的关系

　　最优弃真错误概率还需要借助较为复杂的优选函数［式（2.9）］进行计算，而在已知样本容量的前提下，根据最大允许超标个数可更为方便地指导水质达标评价实践。本书在图 2.9 中给出了不同样本容量、不同成本比值时，根据面向管理的水质达标评价方法得到的最大允许超标个数等值线图。该图对于水质达标评价具有重大的指导意义，决策者可根据该图选择在特定情况下，进行水质达标评价时的最大允许超标个数，方便地进行水质达标评价。该图体现了最大允许超标个数随样本容量的增加而增加，随成本比值的增加而增加的趋势特征。此外，该图体现了样本容量与成本比值的对数坐标之间的线性互补关系，即同样的最大允许超标个数在样本容量和成本比值组成的二维平面上存在近似线性的特征，且相

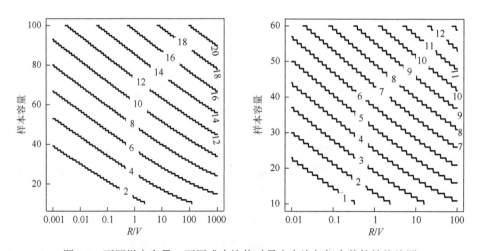

图 2.9　不同样本容量、不同成本比值时最大允许超标个数的等值线图

同最大允许超标个数组成的直线之间近似平行。本书未能对该特征代表的规律进行严格的数学证明，因而尚不明确这种规律存在的内在原因，但并不影响上述规律在水质达标评价中的应用。

由于二项分布是离散分布，因而在其他条件一定时，相同的最大允许超标个数可对应不同的样本容量。这是由二项分布的特征决定的，而非该方法的缺陷，决策者不应据此主观地选择样本容量。例如，为了使得水质达标更为容易，而在相同的最大允许超标个数对应的多组样本容量中选择样本容量最大的情况。样本容量的选择应该能够尽可能地客观描述水质状态，体现水质在不同外界条件的周期性特征，本书选择几种常见的样本容量和成本比值，求得其最大允许超标个数及其对应的实际超标比例、最优弃真错误概率和最优取伪错误概率，并制成表格（表 2.2），以期为水质达标评价提供便利。其中，最优弃真错误概率表示当以对应的最大允许超标个数为达标决策准则时，将达标水质判定为超标的概率不大于最优弃真错误概率；最优取伪错误概率则表示将超标水质判定为达标的概率不大于最优取伪错误概率。

表 2.2　二项分布总体水质达标评价参考表

成本比值	指标	样本容量									
		10	12	24	36	48	54	60	72	84	96
0.001	超标个数	0	0	0	1	3	4	5	6	8	10
	超标率/%	0.0	0.0	0.0	2.8	6.3	7.4	8.3	8.3	9.5	10.4
	α_{op}	0.651	0.718	0.920	0.887	0.720	0.639	0.563	0.589	0.466	0.364
	β_{op}	0.056	0.032	0.001	0.000	0.001	0.001	0.001	0.000	0.000	0.000
0.01	超标个数	0	0	1	2	4	5	6	8	10	12
	超标率/%	0.0	0.0	4.2	5.6	8.3	9.3	10.0	11.1	11.9	12.5
	α_{op}	0.651	0.718	0.708	0.712	0.531	0.457	0.394	0.291	0.216	0.161
	β_{op}	0.056	0.032	0.009	0.003	0.003	0.003	0.003	0.003	0.002	0.002
0.1	超标个数	0	0	2	4	6	7	8	10	12	14
	超标率/%	0.0	0.0	8.3	11.1	12.5	13.0	13.3	13.9	14.3	14.6
	α_{op}	0.651	0.718	0.436	0.289	0.200	0.168	0.142	0.102	0.074	0.054
	β_{op}	0.056	0.032	0.040	0.034	0.027	0.024	0.021	0.016	0.013	0.010
0.5	超标个数	1	1	3	5	7	8	9	11	13	15
	超标率/%	10.0	8.3	12.5	13.9	14.6	14.8	15.0	15.3	15.5	15.6
	α_{op}	0.264	0.341	0.214	0.145	0.102	0.086	0.073	0.053	0.039	0.029
	β_{op}	0.244	0.158	0.115	0.083	0.061	0.053	0.045	0.034	0.025	0.019

续表

成本比值	指标	样本容量									
		10	12	24	36	48	54	60	72	84	96
1	超标个数	1	1	3	5	7	8	9	11	13	15
	超标率/%	10.0	8.3	12.5	13.9	14.6	14.8	15.0	15.3	15.5	15.6
	α_{op}	0.264	0.341	0.214	0.145	0.102	0.086	0.073	0.053	0.039	0.029
	β_{op}	0.244	0.158	0.115	0.083	0.061	0.053	0.045	0.034	0.025	0.019
2	超标个数	1	2	4	6	8	9	10	12	14	16
	超标率/%	10.0	16.7	16.7	16.7	16.7	16.7	16.7	16.7	16.7	16.7
	α_{op}	0.264	0.111	0.085	0.063	0.046	0.040	0.034	0.025	0.019	0.014
	β_{op}	0.244	0.391	0.247	0.168	0.119	0.101	0.086	0.063	0.046	0.034
10	超标个数	2	3	5	7	9	10	11	13	15	17
	超标率/%	20.0	25.0	20.8	19.4	18.8	18.5	18.3	18.1	17.9	17.7
	α_{op}	0.070	0.026	0.028	0.024	0.019	0.017	0.015	0.011	0.009	0.007
	β_{op}	0.526	0.649	0.422	0.290	0.205	0.174	0.148	0.108	0.079	0.059
100	超标个数	3	4	6	8	11	12	13	15	17	19
	超标率/%	30.0	33.3	25.0	22.2	22.9	22.2	21.7	20.8	20.2	19.8
	α_{op}	0.013	0.004	0.007	0.008	0.002	0.002	0.002	0.002	0.001	0.001
	β_{op}	0.776	0.842	0.607	0.436	0.445	0.386	0.335	0.252	0.190	0.144
1000	超标个数	4	5	8	10	12	13	14	17	19	21
	超标率/%	40.0	41.7	33.3	27.8	25.0	24.1	23.3	23.6	22.6	21.9
	α_{op}	0.002	0.001	0.000	0.001	0.001	0.001	0.001	0.000	0.000	0.000
	β_{op}	0.922	0.946	0.879	0.725	0.577	0.511	0.451	0.455	0.360	0.282

由表 2.2 可知，当成本比值较小时，决策者更加倾向于做出水质超标而需要治理的决策，因而当样本容量较少时，允许的超标率很低；随着样本容量的增加，对水质状态的信息更加明确，成本比值对决策的影响变小，允许的超标率逐渐增加。当成本比值较大时，决策者更加倾向于做出水质达标而不需要治理的决策，因而当样本容量较少时，允许的超标率较大；随着样本容量的增加，对水质状态的信息更加明确，允许的超标率逐渐减小。尽管缺乏严格的数学证明，但根据正态分布的经验可知，随着样本容量的增加，不同成本比值对应的最大允许超标率近似趋向于 $(p+q)/2 = 17.5\%$。然而，超大样本容量的数值模型试验则表明，当 N 很大时超标率趋向于 0.1。因而当样本容量超过 100 时，上述经验规律应谨慎地使用。

2.2.2 案例分析

根据数据的可得性，选择滇池作为研究对象。滇池是我国重点治理的"三河三湖"之一,自 20 世纪 80 年代开始出现富营养化现象并呈现加重趋势,常年处于中度或重度富营养化状态,水质在 V 类和劣 V 类之间波动(梁中耀等,2014)。滇池外海设立了 8 个监控断面,其中罗家营(LJY)、观音山和滇池南(DCN)3 个水质监测断面,可分别用于表示滇池外海北部、中部和南部水质。此外,选择草海中心监测断面表示草海的水质(图 2.10)。本书对上述 4 个水质监测断面分别进行水质达标评价。收集了 1998～2017 年共 20 年的水质监测数据,监测频率为每月 1 次,数据来源于昆明市环境监测中心。数据存在很小的缺失比例(0.5%),采用中位数插值法对缺失值进行插补(梁中耀等,2014),以得到完整的时间序列。对于每个站点,共有 12×20 = 240 组监测数据。选择有机物类指标和营养盐类指标进行水质达标评价,包括 COD_{Mn}、BOD_5、NH_3-N、TN、TP。

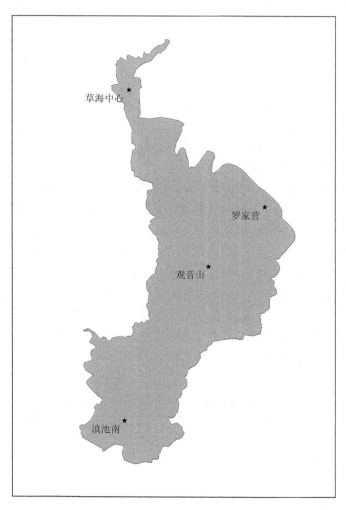

图 2.10　滇池监测站点分布

按照水功能分区的要求，滇池草海应满足Ⅳ类水质要求，外海水质应满足Ⅲ类水质要求。《滇池流域水环境保护治理"十三五"规划》对水质的要求为：外海主要水质指标均稳定达到Ⅳ类水质标准，草海主要水质指标达到Ⅴ类水质标准。因而，本书分别以《地表水环境质量标准》（GB 3838—2002）中Ⅲ、Ⅳ、Ⅴ类水质浓度限值为标准，对上述 4 个站点的 5 个水质指标进行达标评价，对水质级别进行划分，将水质分为优于Ⅲ类（含）、Ⅳ类、Ⅴ类和劣于Ⅴ类 4 个类别。

2.2.2.1 最大允许超标个数

我国《地表水环境质量评价办法（试行）》中规定，可对周、旬、月、季度、年度监测数据进行水质达标评价。限于所获得数据的监测频次较小，难以满足年尺度以下时间单位的评价，本书以一年为周期对各个站点的水质达标情况进行评价，对应的样本容量为 12。同时，考虑我国现行的流域污染防治规划以五年为周期，对从 1998 年开始每五年的水质进行评价，分别代表"九五""十五""十一五""十二五"期间滇池的水质情况，五年为周期进行水质达标评价时的样本容量为 60。分别以一年和五年为水质达标评价的周期，可分别捕捉水质的短期和长期变化情况，刻画在较短时间尺度和较长时间尺度下的水质状态，为流域水污染防治的短期和中期规划提供依据。

对于特定的水体，当成本比值可精确地获得时，应选择特定的成本比值，通过查表得到最大允许超标个数；当成本比值难以获得时，可通过设定不同的成本比值，在不同的情景下分析水质达标情况。如果在不同情景下的水质达标评价结果一致，则说明水质达标评价结果具有很好的稳健性；如果结果不一致，则需要对结果持谨慎的态度。本书选择成本比值为 0.001、1、1000，分别代表水质损失成本非常高、水质损失成本和污染防治成本相当、污染防治成本非常高的情况。查表 2.3 可得样本容量分别为 12 和 60 时 3 种成本比值对应的最大允许超标个数。通过对比监测数据与水质标准，即可获得监测数据中超标样本个数，再与最大允许超标个数对比，即可进行水质达标评价。

表 2.3 不同评价周期和成本比值对应的最大允许超标个数

成本比值	样本容量（评价周期）	
	12（一年周期）	60（五年周期）
0.001	0	5
1	1	9
1000	5	14

2.2.2.2　评价结果的类型

采用 3 种成本比值代表不同情景下的分级评价结果,其组合包括如下 4 种情况 [图 2.11 (a)]:①不同成本比值对应的评价结果均不一致,表明成本比值对水质分级评价结果具有很大的影响,在未考虑成本比值而仅仅依靠水质监测数据的情况下难以判定水质的级别,欲获得水质级别的准确结果,需要对成本比值进行估算或者核算。②不同情景对应的评价结果有两种,成本比值为 0.001 和 1 时的评价结果一致,且评价结果劣于比值为 1000 时的结果,表明成本比值对水质分级结果有影响,但当成本比值在[0.001,1]时成本比值对水质分级结果无影响,欲获得水质级别的准确结果,仍需对成本比值进行估算或核算。③不同情景对应的评价结果有两种,成本比值为 1 和 1000 时的评价结果一致,且评价结果好于比值为0.001 时的结果,表明成本比值对水质分级结果有影响,但当成本比值在[1,1000]时成本比值对水质分级结果无影响,欲获得水质级别的准确结果,仍需对成本比值进行估算或核算。④不同成本比值的评价结果均一致,即便是污染防治成本和水质损失成本的比值由 0.001 变为 1000,仍然不能改变评价结果。由于选择的成本比值较为极端,因而可不必对成本比值进行核算而直接判定水质级别,表明根据监测数据提供的信息足以进行水质级别评价而不必加入成本信息。

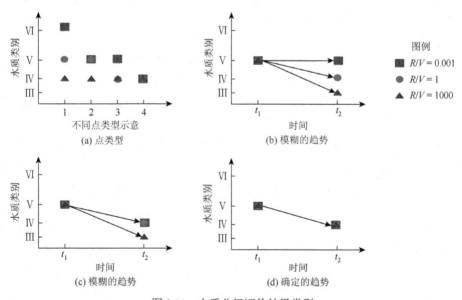

图 2.11　水质分级评价结果类型

在水质级别评价实践中,通常还需要在时间维度上探究水质级别的变化趋势,此处以水质变好趋势为例选择 3 种典型结果进行阐述:①当水质级别变化趋势如

图 2.11（b）所示时，表明成本比值对水质级别变化趋势的判定有影响，仅仅根据水质监测数据无法判定水质级别是否变好，需要对成本比值进行估算或核算；②当水质级别变化趋势如图 2.11（c）所示时，表明成本比值对水质级别变化趋势的判定有影响，根据水质监测数据无法判定水质级别，欲判定水质在 t_2 时刻的级别需要对成本比值进行估算或核算；③当水质级别变化趋势如图 2.11（d）所示时，表明成本比值对水质级别变化趋势的判定没有影响，仅根据水质监测数据即可判定水质变好，无需对成本比值进行估算或核算。当水质呈现变差趋势或者呈现多对一的状态时，其分析与上述分析一致，不再赘述。当趋势呈现多对多的状态时，表明成本比值对水质级别评价结果有影响，欲知水质级别的变化趋势需对成本比值进行估算或核算。

2.2.2.3　一年周期评价结果

根据不同水质标准的浓度限值及监测数据，可分别求出以一年为周期时的超标个数，与表 2.3 中的最大允许超标个数对比，即可判定水质是否超过特定的水质标准。由于选择了 3 类水质标准，因而对于每个指标需要进行 3 次水质达标评价，选择其中水质级别最佳的结果作为最终的评价结果，即通过多次水质达标评价完成了对水质级别的评价。为得到 4 个站点的 5 种水质指标在 20 年、3 种成本比值、3 种水质标准下的水质级别情况，总计需要进行 $4 \times 5 \times 20 \times 3 \times 3 = 3600$ 次水质达标评价。

由于站点数目、水质指标和年份较多，本书以图形的方式展示了不同站点的不同水质指标在不同年（或者时段）超过Ⅲ、Ⅳ、Ⅴ类水质的样本个数。超标个数的大小和趋势可反映水质的状态和趋势。图 2.12 展示了滇池不同断面水质的超标情况。

对草海中心断面而言，从超标个数的大小来看，5 种指标可分为两类：①COD_{Mn}、BOD_5 和 $NH_3\text{-}N$ 的超标个数的年际波动较大，$NH_3\text{-}N$ 在不同的标准时超标个数差异较小，而 COD_{Mn} 在不同标准时超标个数的差异较大；②TN 和 TP 的超标个数均很多，尤其是 TN 的年超标个数大部分都是 12。从超标个数的趋势来看，5 种指标可分为 3 类：①COD_{Mn} 无明显趋势，但具有较强的波动性，较强的波动性可能是由变量浓度波动性较大或者其浓度在标准限值附近所致，由于 COD_{Mn} 在 3 种不同标准值时均有较强的波动性，结合其浓度波动特征，可知是由浓度波动性较大所致；②TN 无明显趋势，且波动性很小；③其他 3 种指标均具有明显的下降趋势，其中 $NH_3\text{-}N$ 和 TP 从 2010 年开始具有明显下降趋势。这些趋势是否使水质级别好转还需通过水质达标评价过程予以判定。

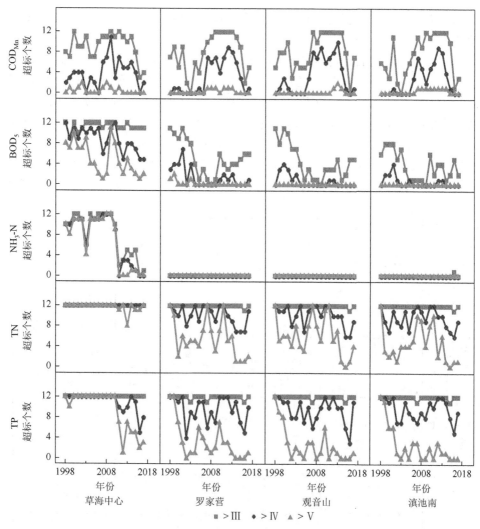

图 2.12　滇池不同年份的超标个数

对外海的 3 个断面而言，与草海相比，外海水质指标的超标个数明显较少，外海 3 个断面之间的差异小，超标个数和趋势特征均较为一致。从超标个数来看，5 种指标可分为 3 类：①NH$_3$-N 极少有超标的年份；②TN 和 TP 的超标个数较多，以Ⅲ类水质为标准时，超标个数在大部分年份均为 12，TP 在以Ⅴ类水质为标准时，部分年份的超标个数很少；③BOD$_5$ 和 COD$_{Mn}$ 水质状态居中，仅有很少的年份超过Ⅴ类标准，但在部分年份超过Ⅲ、Ⅳ类标准的个数较多。从趋势特征来看，5 种水质指标可分为两类：①NH$_3$-N 的超标个数均保持稳定，没有明显趋势特征且波动性很小；②BOD$_5$ 和 COD$_{Mn}$ 的超标个数在Ⅴ类水质标准时保持稳定，在Ⅲ类和Ⅳ类水质标准时，具有较大的年际波动性，TN 和 TP 的超标个数在Ⅲ类水质标准时保持稳定，在Ⅳ类和Ⅴ类水质标准时，具有较大的年际波动性。

以一年为周期的滇池水质达标评价结果见图 2.13。对草海中心断面而言：①COD_{Mn} 的评价结果在不同的成本比值时有很大的差异，这种差异性体现在全部 20 年的监测时段内，表明 COD_{Mn} 浓度具有较强的波动性。获得 COD_{Mn} 水质级别的可靠结果，需要估算成本比值。②BOD_5 在 2002 年之前均将水质判定为劣Ⅴ类，其后当成本比值大于 1 时水质出现较好的趋势。③在 2010 年以前，$NH_3\text{-}N$ 水质级别稳定在劣Ⅴ类；从 2011 年开始，$NH_3\text{-}N$ 水质级别开始变好，但不同成本比值对应的水质评价结果具有较大差异；直到近两年来，3 种成本

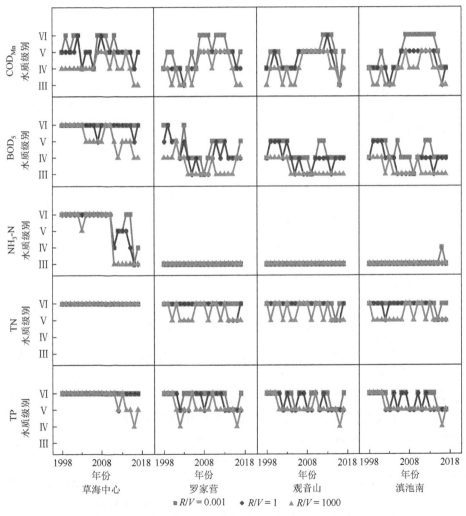

图 2.13　滇池水质分级评价结果（二项分布、一年周期）

比值对应的结果虽仍有差异，但可将其判定为好于Ⅳ类水质。④TN 的级别评价结果均为劣Ⅴ类，可见草海 TN 浓度在近 20 年的水质级别均可判定为劣Ⅴ类。⑤当成本比值为 0.001 和 1 时对应的 TP 水质级别评价结果均为劣Ⅴ类；当成本比值为 1000 时，2015～2018 年水质可判定为优于Ⅴ类水质。因而，根据已有的结果不能判定 2015～2018 年草海 TP 水质级别是否有好转，为了更精确地判定 TP 的水质级别，应对成本比值进行核算或估计。结合水质超标个数的趋势，NH$_3$-N 超标个数的减少导致了水质级别的改善；而当成本比值在[0.001,1]时，即当水质超标水质损失成本大于污染防治成本时，TP 超标个数的减少并未导致水质级别的改善。

总体而言，滇池外海的 3 个站点水质级别差异性很小，尽管从水质浓度上看，滇池外海具有从北向南水质变好的空间特征，但并未对水质所处类别产生较大影响；与草海相比，外海 BOD$_5$、NH$_3$-N 的水质级别均好于草海，COD$_{Mn}$ 水质级别与草海相差不大，当成本比值在[1,1000]时，外海 TN 和 TP 水质级别好于草海。①外海 COD$_{Mn}$ 与草海的水质级别特征一致，不同的成本比值对应的水质级别在全部 20 年的监测时段内有很大的差异，表明 COD$_{Mn}$ 浓度具有较强的波动性，为了获得 COD$_{Mn}$ 水质级别的可靠结果，需要核算或者估算成本比值。②罗家营的 BOD$_5$ 水质级别劣于其他两个站点，2015～2018 年观音山和滇池南两个站点可判定为优于Ⅳ类水质，而罗家营的水质级别则需要核算成本比值。③外海的 NH$_3$-N 水质级别近 20 年来均稳定在优于Ⅲ类水质。④不同成本比值对应的 TN 水质级别评价结果差异很大：当成本比值在[0.001,1]时，大部分年份水质可判定为劣Ⅴ类；当成本比值为 1000 时，将水质判定为Ⅴ类和劣Ⅴ类水质的年份相当，但在 2015～2018 年可将其判定为Ⅴ类水质。总体而言，TN 水质级别在Ⅴ类和劣Ⅴ类之间。⑤不同成本比值对应的 TP 水质级别评价结果差异很大：当成本比值为 0.001 时，大部分年份水质可判定为劣Ⅴ类；当成本比值为 1 时，将水质判定为Ⅴ类和劣Ⅴ类水质级别的年份相当；当成本比值为 1000 时，大部分年份水质可判定为Ⅴ类。总体而言，TP 的水质级别在Ⅴ类和劣Ⅴ类之间。由于 TN 和 TP 水质级别评价结果的差异性较大，因而为了更加精确地判定水质级别，需要对成本比值进行核算或估算。

2.2.2.4　五年周期评价结果

当以五年为周期对滇池水质进行达标评价时，需要求得以Ⅲ、Ⅳ、Ⅴ类水质限值为标准时的超标个数（即为以一年为周期进行评价时每五年超标个数的加和），通过与表 2.3 中规定的最大允许超标个数进行对比，即可对在不同成本比值下的水质达标情况进行判定。进行 3 次水质达标评价，可得到某一站点在某一时段的类别情况。为得到 4 个站点的 5 种水质指标在 4 个时段、3 种成本比值下的水质级别情况，总计需要进行 $4\times5\times4\times3\times3=720$ 次水质达标评价。图 2.14 和图 2.15 分别展示了以五年为周期的超标个数和评价结果，其中横坐标表示评价时段，分别以每一时段的最后一年表示，例如，"2017"表示 2013 年 1 月～2017 年 12 月。

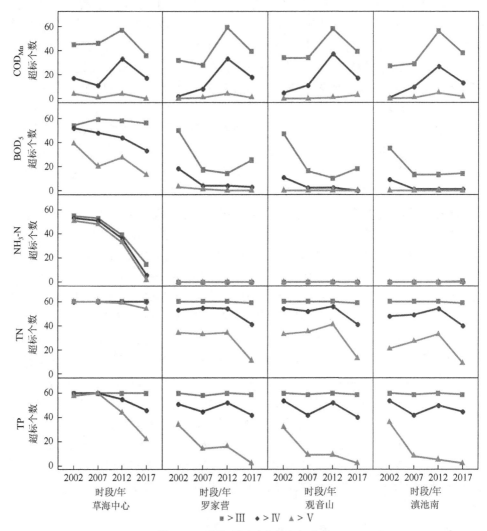

图 2.14　滇池不同时段的超标个数

草海中心 5 种水质指标的超标个数可分为 4 类：①COD_{Mn} 和 BOD_5 的超标个数具有较大的波动性。②NH_3-N 的超标个数在 3 种水质标准下呈现明显的下降趋势，表明 NH_3-N 浓度的波动性较强，且水质有变好的趋势，超标个数下降幅度很大，由每个时段超过 50 个减小到每个时段低于 20 个。③TN 的超标个数变化很小，没有明显的趋势，超标个数接近于 60。④TP 在"九五"到"十五"期间，超标

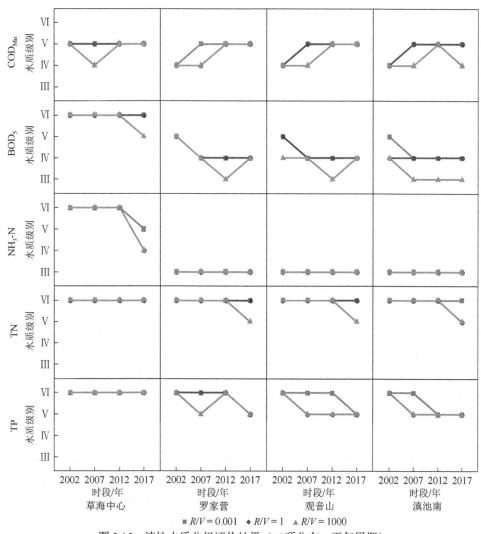

■ $R/V = 0.001$　◆ $R/V = 1$　▲ $R/V = 1000$

图 2.15　滇池水质分级评价结果（二项分布、五年周期）

个数均为 60；其后当以Ⅲ类水质为标准时，超标个数为 60，当以Ⅳ类或Ⅴ类水质为标准时，超标个数具有下降的趋势。

对外海的 3 个监测断面而言，COD_{Mn} 的超标情况与草海相差不大，而其他 4 项指标的超标个数均低于草海；外海的 3 个站点之间水质指标的超标情况相差也不大。5 种水质指标可分为 4 类：①与草海中心断面的规律相似，外海 3 个断面 COD_{Mn} 的超标个数具有较强的波动性。②NH_3-N 在不同的水质标准、不同时段的超标个数均为 0 或者接近于 0，无明显的趋势特征。③BOD_5 的超标个数在"十五"以后开始具有明显的下降趋势。④TN 和 TP 在以Ⅲ类水质为标准时，其超标个数均接近于 60，且没有明显趋势；在以Ⅳ类水质为标准时，其超标个数在 40～

60 波动，且没有明显趋势；在以Ⅴ类水质为标准时，其超标个数有下降的趋势。

尽管图 2.14 展示出的部分水质指标的超标个数呈现下降趋势，但是这种趋势是否导致了水质级别的改善，还需采用水质达标评价方法进行确定。图 2.15 为以五年为周期的水质分级评价结果。对草海中心而言：①COD_{Mn} 的水质除了当成本比值为 1000、"十五"期间应判定为Ⅳ类外，其他成本比值和时段均应判定为Ⅴ类，尤其是"十一五"期间和"十二五"期间，将 COD_{Mn} 浓度判定为Ⅴ类水质具有很强的稳定性。②BOD_5 的水质除了当成本比值为 1000、"十二五"期间水质级别应判定为Ⅴ类外，其他成本比值和时段均应判定为劣Ⅴ类。③NH_3-N 的水质从"九五"到"十一五"期间判定为劣Ⅴ类具有很强的稳定性；而在"十二五"期间，成本比值为 0.001 时可将其判定为Ⅴ类，成本比值在[1,1000]时均应将其判定为Ⅳ类。④TN 和 TP 的水质在 3 种成本比值和 4 个时段均应判定为劣Ⅴ类，评价结果具有很强的稳定性。结合水质超标个数趋势，NH_3-N 超标个数的减少导致了水质级别的改善，TP 超标个数的减少并未导致水质级别的改善。

总体而言，滇池外海的 3 个站点水质级别差异性很小。与草海相比，外海的 BOD_5、NH_3-N 水质级别均好于草海，COD_{Mn} 和 TN 水质级别与草海相差不大，TP 水质级别好于草海。①COD_{Mn} 在不同的成本比值对应的水质级别在 4 个监测时段内有很大的差异，但其水质均在Ⅳ类和Ⅴ类之间；为了获得 COD_{Mn} 水质级别的可靠结果，需要核算或者估算成本比值。②BOD_5 的水质级别有好转的趋势，"十五"期间以来可将水质判定为Ⅳ类。③NH_3-N 在 3 种成本比值、4 个时段时其水质级别均为优于Ⅲ类，其结果具有很强的稳定性。④TN 从"九五"期间到"十一五"期间，水质级别均应判定为劣Ⅴ类；在"十二五"期间对应的水质达标评价结果在Ⅴ类和劣Ⅴ类之间，若要获得"十二五"期间更为精确的水质级别评价结果，需要核算或者估算成本比值。⑤TP 在 4 个时段内的水质级别在Ⅴ类和劣Ⅴ类之间，总体上水质具有改善的趋势，尤其是在"九五"期间、3 种成本比值下均应判定为劣Ⅴ类水质，而在"十二五"期间，在 3 种成本比值下均应判断为Ⅴ类水质，这些结果均具有很强的稳定性，表明 TP 的水质级别由劣Ⅴ类改善为Ⅴ类。

2.3 服从正态分布的水质变量评价

2.3.1 水质达标评价过程

采用正态分布总体进行水质达标评价时，首先需要对水质指标进行正态性检验，只有符合或者通过数据变换符合正态分布的水质指标才能采用正态分布总体假设检验方法。因此，以下讨论假设水质变量或者通过数据变换后的水质变量服从正态分布。本书中正态分布总体假设检验法针对平均值标准。

2.3.1.1　两类错误概率

由于关注的水质变量 X 满足正态分布，不妨令

$$X \sim N(\mu, \sigma^2) \tag{2.19}$$

式中，μ 和 σ^2 分别为总体均值和方差。当采用平均值标准进行水质达标评价时，以总体均值是否超过水质标准限值为决策依据。假设水质标准限值为 θ，则原假设为水质达标，即 $H_0{:}\mu \leqslant \theta$；备择假设为水质超标，即 $H_1{:}\mu > \theta$。需要注意的是，如果水质变量经过了数据变换，则 θ 表示水质标准经过相同数据变换后的数值。

在实践中，总体均值是未知的，因而需要采用样本信息对总体均值进行推断。根据正态分布的抽样分布定律，样本均值 m 服从如下正态分布：

$$m \sim N(\mu, \sigma^2 / n) \tag{2.20}$$

式中，n 为监测数据的数量（样本容量）。对随机变量 m 进行标准化变换，得到新的随机变量 z：

$$z = \frac{m - \mu}{\sigma / \sqrt{n}} \tag{2.21}$$

则 z 满足均值为 0、方差为 1 的标准正态分布：

$$z \sim N(0,1) \tag{2.22}$$

令 α 满足 $0 < \alpha < 0.5$，则对随机变量 z 而言，存在：

$$P(z \geqslant z_{1-\alpha}) = \alpha \tag{2.23}$$

式中，$z_{1-\alpha}$ 为标准正态分布的 $1-\alpha$ 分位数。将式（2.21）代入式（2.23），可得

$$P\left(\frac{m - \mu}{\sigma / \sqrt{n}} \geqslant z_{1-\alpha}\right) = \alpha \tag{2.24}$$

式中，$P(\cdot)$ 为满足特定条件的概率，令

$$\omega = z_{1-\alpha} \times \sigma / \sqrt{n} \tag{2.25}$$

由式（2.24）可得

$$P(\mu \leqslant m - \omega) = \alpha \tag{2.26}$$

当原假设为真，即水质达标时，满足 $\mu \leqslant \theta$，结合式（2.26）可得

$$P(\theta \leqslant m - \omega) \leqslant \alpha \tag{2.27}$$

假定某次用于水质达标评价的监测数据为 $X = (x_1, x_2, \cdots, x_n)$，则 X 的样本平均值可根据以下公式进行计算：

$$m = \frac{1}{n} \sum_{i=1}^{n} x_i \tag{2.28}$$

则水质达标评价的判别准则为：当 $m - \omega \leqslant \theta$ 时，判定为水质达标；当 $m - \omega > \theta$ 时，

判定为水质超标。该判别准则将原本达标水质判定为超标的概率，即弃真错误概率$\leqslant\alpha$。特别地，取 $m-\omega=\theta$ 时，弃真错误概率即为 α，此时，弃真错误概率可根据下式进行计算：

$$\omega = m - \theta = z_{1-\alpha} \times \sigma/\sqrt{n} \qquad (2.29)$$

$$\alpha = 1 - \Phi\left(\frac{m-\theta}{\sigma/\sqrt{n}}\right) \qquad (2.30)$$

式中，$\Phi(x)$ 为标准正态分布的累积概率密度函数。由于标准正态分布的概率密度函数是关于 y 轴（$x=0$）对称的函数，因而 $\Phi(x)$ 满足如下关系：

$$\Phi(x) \begin{cases} > 0.5, & x > 0 \\ = 0.5, & x = 0 \\ < 0.5, & x < 0 \end{cases} \qquad (2.31)$$

在水质达标评价中，弃真错误概率满足如下关系：

$$\alpha \begin{cases} < 0.5, & m > \theta \\ = 0.5, & m = \theta \\ > 0.5, & m < \theta \end{cases} \qquad (2.32)$$

当 $m=\theta$（$\omega=0$）时，该方法与直接采用样本平均值与标准值对比进行水质达标评价一致，此时弃真错误概率为 0.5。

在计算取伪错误概率时，与求解二项分布总体假设检验时取伪错误概率的方法一致，首先需要设定效应值（η）。由于原假设为水质达标（$H_0{:}\mu\leqslant\theta$），则效应值 $\eta>0$。因而计算正态分布总体的取伪错误概率时，特定的备择假设即为 $H_1{:}\mu=\theta+\eta$，即假设

$$X \sim N(\theta+\eta,\sigma^2) \qquad (2.33)$$

样本均值服从如下分布：

$$m \sim N(\theta+\eta,\sigma^2/n) \qquad (2.34)$$

对其进行标准化可得

$$z = \frac{m-(\theta+\eta)}{\sigma/\sqrt{n}} \sim N(0,1) \qquad (2.35)$$

则取伪错误概率即为根据判别准则将上述分布判别为达标的概率：

$$\beta = P(m \leqslant \theta+\omega) = \Phi\left(\frac{(\theta+\omega)-(\theta+\eta)}{\sigma/\sqrt{n}}\right) = \Phi\left(\frac{\omega-\eta}{\sigma/\sqrt{n}}\right) \qquad (2.36)$$

进一步地，根据式（2.29），可得

$$\beta = \Phi\left(z_{1-\alpha} - \frac{\eta}{\sigma/\sqrt{n}}\right) = \Phi\left(\Phi^{-1}(1-\alpha) - \frac{\eta}{\sigma/\sqrt{n}}\right) \qquad (2.37)$$

因而在已知效应值、样本容量和总体方差时，取伪错误概率由弃真错误概率唯一决定。由于 $z_{1-\alpha}$ 随着 α 的增加而减小，因而取伪错误概率随着弃真错误概率的增加而减小。

　　根据上述描述，可将正态分布总体进行假设检验时的弃真错误概率和取伪错误概率的意义用图 2.16 形象直观地表达出来。图中左侧曲线表示当水质达标时样本均值的分布，右侧曲线表示当水质超标时样本均值的分布，二者均值之差即为效应值。弃真错误概率即为图中 α 所在区域，其面积为当水质达标时错判为超标的概率；取伪错误概率为图中 β 所在区域，其面积为当水质超标时错判为达标的概率。该图是在特定条件下做出的，其中 $\theta = 20$、$\eta = 10$、$\sigma / \sqrt{n} = 4$、$\omega = 6$，则经过计算可得弃真错误概率和取伪错误概率分别为 0.067 和 0.159。

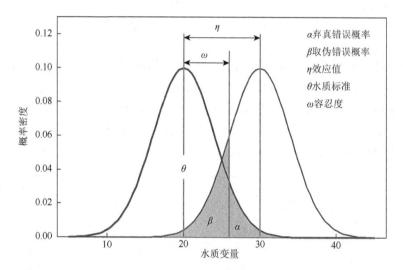

图 2.16　正态分布时弃真错误概率和取伪错误概率

　　对以平均值标准进行水质达标评价的正态分布总体而言，弃真错误概率和取伪错误概率受多重因素的影响，结合弃真错误概率和取伪错误概率的表达式，以及图 2.16 对两类错误概率的表征，其影响因素可总结为表 2.4。随着监测数据平均值的增加，即图 2.16 中 $\omega + \theta$ 对应的直线右移，弃真错误概率降低，取伪错误概率提高；随着标准值的升高，对相同的监测数据平均值而言，弃真错误概率升高，取伪错误概率降低。监测数据的平均值和标准值对两类错误概率的影响可归结为容忍度对弃真错误概率的影响，随着容忍度的升高弃真错误概率降低，取伪错误概率随之升高；而容忍度随监测数据平均值的升高而升高，随标准值的升高而降低。随着总体方差的降低，或样本容量的增加，弃真错误概率和取伪错误概率同时降低。效应值与弃真错误概率无关，随着效应值的增加，即图 2.16 中 $\omega + \eta$ 对应的直线右移，取伪错误概率降低。

表 2.4　两类错误概率的影响因素

项目	监测数据平均值	标准值	总体方差	样本容量	效应值
弃真错误概率	↓	↑	↑	↓	—
取伪错误概率	↑	↓	↑	↓	↓

注：↑表示因素对错误概率为正向影响，↓表示因素对错误概率为负向影响；—表示因素对错误概率无影响

　　控制其他条件不变时，弃真错误概率和取伪错误概率随容忍度的变化情况见图 2.17。由图可知，随着容忍度升高，弃真错误概率降低：弃真错误概率先缓慢降低，然后迅速下降，最后缓慢降低。当容忍度为零时，弃真错误概率为 0.5。取伪错误概率则随着容忍度的升高而升高：首先缓慢升高，然后迅速升高，最后缓慢升高。当容忍度恰为效应值时，取伪错误概率为 0.5。由图还可知，容忍度足够小或者足够大时，弃真错误概率和取伪错误概率均有可能很接近于（但不能达到）0 或者 1。当弃真错误概率接近于 0 时，取伪错误概率接近于 1；当取伪错误概率接近于 0 时，弃真错误概率接近于 1。由于正态分布是连续分布的，因而图中曲线上的点均具有实际意义，两类错误概率在容忍度为 $\eta/2 = 5$ 时相交，此时两类错误概率均为 0.106。

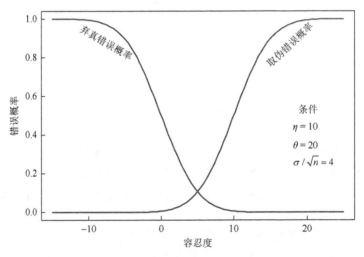

图 2.17　容忍度与两类错误概率之间的关系

　　可证明，当弃真错误概率与取伪错误概率相等时，容忍度恰为效应值的一半。证明如下，令 $\alpha = \beta$，根据两类错误概率的表达式，可得

$$1 - \Phi\left(\frac{m-\theta}{\sigma/\sqrt{n}}\right) = \Phi\left(\frac{\omega-\eta}{\sigma/\sqrt{n}}\right) \tag{2.38}$$

由于标准正态分布关于 y 轴对称，因而有

$$\frac{m-\theta}{\sigma/\sqrt{n}} = -\frac{\omega-\eta}{\sigma/\sqrt{n}} \tag{2.39}$$

即

$$\eta = \omega + (m-\theta) = 2\omega \tag{2.40}$$

则 $\omega = \eta/2$ 得证。

图 2.18 展示了控制效应值、标准值和平均值方差不变时，取伪错误概率与弃真错误概率之间的关系。由于正态分布为连续分布，因此，取伪错误概率是弃真错误概率的严格递减函数，二者为一一对应的关系。该函数为下凸函数，取伪错误概率随弃真错误概率的增加而减小，且减小的幅度逐渐降低：当弃真错误概率很小时，较小的增加即可引起取伪错误概率较大幅度的减小，使得取伪错误概率由接近于 1 而迅速下降；而当弃真错误概率很大时，即便增加较大幅度也不会引起取伪错误概率较大幅度的减小，此时取伪错误概率趋向于 0。取伪错误概率和弃真错误概率之间具有非线性关系。这种非线性关系（下凸函数）决定了在进行成本最小化的环境管理决策时可获得(0,1)的最优弃真错误概率。

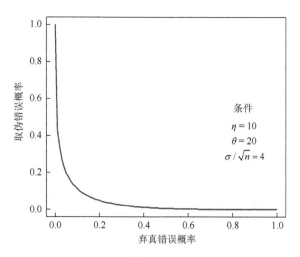

图 2.18　正态分布弃真错误概率和取伪错误概率之间的关系

2.3.1.2　损失函数

在获得弃真错误概率和取伪错误概率之后，即可根据式（2.4）建立针对平均值基准和正态分布总体的风险矩阵，其表达式为

$$U = \begin{bmatrix} \alpha & 1-\beta \\ 1-\alpha & \beta \end{bmatrix} = \begin{bmatrix} 1-\varPhi\left(\dfrac{m-\theta}{\sigma/\sqrt{n}}\right) & 1-\varPhi\left(\dfrac{\omega-\eta}{\sigma/\sqrt{n}}\right) \\ \varPhi\left(\dfrac{m-\theta}{\sigma/\sqrt{n}}\right) & \varPhi\left(\dfrac{\omega-\eta}{\sigma/\sqrt{n}}\right) \end{bmatrix} \quad (2.41)$$

式中，m 为监测数据的平均值；θ 为水质标准；n 为样本容量；σ 为总体标准差；ω 为容忍度；η 为效应值；$\varPhi(x)$ 为标准正态分布的累积概率密度函数。

与进行二项分布总体检验时对成本函数的设定一致，取成本比值为 0.1、0.5、1、2、10，分别代表水质损失成本很高、水质损失成本较高、水质损失成本和污染防治成本相当、污染防治成本较高、污染防治成本很高的情况，探究不同成本比值对达标决策的影响。在计算损失函数时，同样设定 $V=1$，则对应的 R 分别为 0.1、0.5、1、2、10，风险函数由表 2.5 列出。

表 2.5　不同成本比值对应损失函数的计算表格（正态分布）

R/V	成本描述	成本函数	达标决策	损失函数
0.1	水质超标成本很高	$\begin{bmatrix} 0.1 & 0 \\ 0 & 1 \end{bmatrix}$	超标（$d=1$）	$0.1\times\left(1-\varPhi\left(\dfrac{m-\theta}{\sigma/\sqrt{n}}\right)\right)$
			达标（$d=0$）	$\varPhi\left(\dfrac{\omega-\eta}{\sigma/\sqrt{n}}\right)$
0.5	水质超标成本较高	$\begin{bmatrix} 0.5 & 0 \\ 0 & 1 \end{bmatrix}$	超标（$d=1$）	$0.5\times\left(1-\varPhi\left(\dfrac{m-\theta}{\sigma/\sqrt{n}}\right)\right)$
			达标（$d=0$）	$\varPhi\left(\dfrac{\omega-\eta}{\sigma/\sqrt{n}}\right)$
1	两种成本相当	$\begin{bmatrix} 1 & 0 \\ 0 & 1 \end{bmatrix}$	超标（$d=1$）	$1-\varPhi\left(\dfrac{m-\theta}{\sigma/\sqrt{n}}\right)$
			达标（$d=0$）	$\varPhi\left(\dfrac{\omega-\eta}{\sigma/\sqrt{n}}\right)$
2	污染防治成本较高	$\begin{bmatrix} 2 & 0 \\ 0 & 1 \end{bmatrix}$	超标（$d=1$）	$2\times\left(1-\varPhi\left(\dfrac{m-\theta}{\sigma/\sqrt{n}}\right)\right)$
			达标（$d=0$）	$\varPhi\left(\dfrac{\omega-\eta}{\sigma/\sqrt{n}}\right)$
10	污染防治成本很高	$\begin{bmatrix} 10 & 0 \\ 0 & 1 \end{bmatrix}$	超标（$d=1$）	$10\times\left(1-\varPhi\left(\dfrac{m-\theta}{\sigma/\sqrt{n}}\right)\right)$
			达标（$d=0$）	$\varPhi\left(\dfrac{\omega-\eta}{\sigma/\sqrt{n}}\right)$

　　为了获得损失函数，需要对风险函数和成本函数进行 $\otimes$ 运算，即可分别得到判定为水质超标和达标时的损失函数（表 2.5），当成本比值确定时，判定水体超标时的损失函数为测数据的平均值 m、标准值 θ、总体标准差 σ 和样本容量 n 的函数；判定为水质达标时的损失函数还与效应值 η 有关。当 θ、σ、n 和 η 确定时，即可得到不同 m 对应的期望损失，并进行决策。在水质达标评价实践中，标准值 θ 和效应值 η 在达标评价前即可确定，样本容量受监测频次的影响而难以改变，相对而言，总体标准差需要根据大量水质数据进行估计，是影响水质达标评价决策的主要因素。

　　当水质标准值 $\theta = 20$、效应值 $\eta = 10$、总体方差 $\sigma^2 = 192$、样本容量分别为 12 和 60 时，两类期望损失与样本平均值 m 在成本比值分别为 0.1、0.5、1、2、10 时的变化情况见图 2.19。由图可知，当样本容量不变时，随着成本比值的增加，两类期望损失的交点逐渐右移，表明随着污染防治成本与水质损失成本相对值的

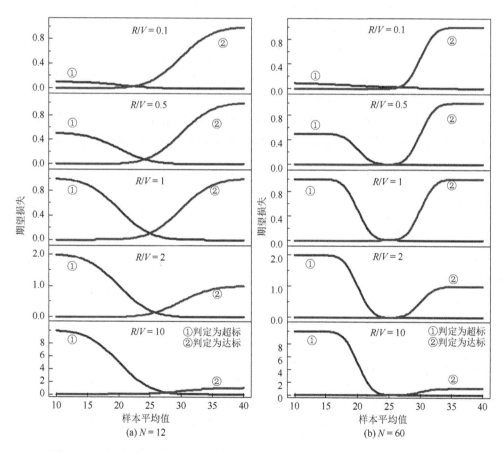

图 2.19　不同成本比值时期望损失函数与最大允许超标个数的关系（正态分布）

增加，决策者更倾向于接受更高的水质浓度以使得决策具有更小的期望损失，而非固定的水质标准。

2.3.1.3　达标决策

获得两种损失函数的表达式后，可根据式（2.8）对水质达标情况进行判定，即根据第一类决策函数进行水质达标决策。对正态分布总体而言，其分布为连续分布，因而当采用第二类决策函数进行水质达标决策时，在其他条件确定的情况下，需要探究不同的成本比值对最大允许平均值的影响。在求解最大允许平均值时，可令两类损失函数相等，对应的 m 值即为最大允许平均值（m_c），即

$$\frac{R}{V} \times \left(1 - \Phi\left(\frac{m_c - \theta}{\sigma / \sqrt{n}} \right) \right) = \Phi\left(\frac{\omega - \eta}{\sigma / \sqrt{n}} \right) \tag{2.42}$$

进一步地，上述公式可转化为

$$\frac{R}{V} \times \Phi\left(\frac{\theta - m_c}{\sigma / \sqrt{n}} \right) = \Phi\left(\frac{m_c - \theta - \eta}{\sigma / \sqrt{n}} \right) \tag{2.43}$$

由于上式的求解非常困难，因而本书采用数值模拟的方法，近似得到最大允许平均值。特别地，当 $r = 1$ 时，$m_c = \theta + \eta/2$。

当 $\theta = 20$、$\eta = 10$、$\sigma^2 = 192$、样本容量分别为 12 和 60 时，采用数值模拟方法可得到最大允许平均值 m_c 与成本比值、样本容量的关系（图 2.20）。该图恰似

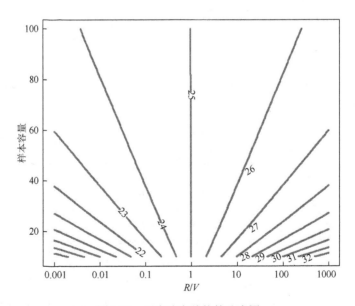

图 2.20　正态分布总体的孔雀图

孔雀开屏的尾巴,以成本比值 = 1 为对称轴,呈放射状地对称展开,因而本书将其命名为孔雀图。从孔雀图上可知,当成本比值 = 1 时,最大允许平均值均为 25($\theta + \eta/2$),且与样本容量无关,这是由正态分布密度函数的对称性决定的;当成本比值 > 1 时,随着样本容量的增加,最大允许平均值变小,随着成本比值的增加,最大允许平均值变大,样本容量的线性增加与成本比值的指数增加具有互补关系,使得等值线为直线;当成本比值 < 1 时,随着样本容量的增加,最大允许平均值变大,随着成本比值的增加,最大允许平均值变大,样本容量的线性递减与成本比值的指数增加具有互补关系,使得等值线仍为直线。孔雀图显示,对正态分布总体而言,成本比值的对数与其分位数之间存在某种线性关系;尽管本书并未揭示该规律的数学驱动,但是该规律却可为正态分布总体变量的水质达标评价提供重要参考。

2.3.2　案例分析

本节仍然采用滇池的 4 个水质监测断面进行案例分析,分别选择年平均值和五年平均值与Ⅲ、Ⅳ、Ⅴ类水质标准进行水质达标评价,进而确定水质级别。首先对原始数据和经过对数变换后的数据进行正态性检验,确定是否需要对监测数据进行数据变换。然后采用贝叶斯方差分析模型得到不同断面不同水质变量的年平均值和五年平均值;同时贝叶斯方差分析模型还可得到不同断面不同水质变量的方差,根据式(2.43)即可计算最大允许平均值。对比监测数据的平均值与不同水质标准对应的最大允许平均值即可进行水质达标评价,获得最终的水质级别。本节仍然选择成本比值为 0.001、1、1000,分别代表水质损失成本非常高、水质损失成本和污染防治成本相当、污染防治成本非常高的情况,进行水质分级评价。

2.3.2.1　正态性检验结果

常用的正态性检验方法包括 Kolmogorov-Smirnov 检验、Lilliefors 检验、Cramer-von Mises 检验、Anderson-Darling 检验、Shapiro-Wilk 检验和 Pearson chi-square 检验等(Wang et al., 2015)。不同检验方法的原理各有差异。何凤霞和马学俊(2012)采用蒙特卡罗模拟的方法对多种正态性检验方法的统计功效进行了对比,发现 Shapiro-Wilk 检验具有最高的统计功效,因而本书采用 Shapiro-Wilk 检验法来判定滇池 4 个断面 5 种指标 20 年的数据是否服从正态分布。该方法通过构建 W 统计量进行假设检验,在 R 软件中可通过 shapiro.test 函数实现,当 p 值小于选定的显著性水平(0.05)时表明序列不服从正态分布。

研究表明，水质变量通常为偏态分布，对其进行对数变换可有效地消除偏态性，使其更好地满足正态性和方差齐次性假设（Oliver et al.，2017）。本书分别对原始数据和以自然对数为底的对数变换数据进行逐年正态性检验，共需进行 $4 \times 5 \times 20 \times 2 = 800$ 次假设检验，选择 0.05 作为假设检验的显著性水平。检验的统计结果见表 2.6。由表可知，在 20 年中没有任何站点的全部指标都服从正态分布，各个指标服从正态分布的比例相差不大，各个站点服从正态分布的比例相差也不大。对数变换后的数据服从正态分布的总频次高达 354 次，比例为 88.5%，而原始数据服从正态分布的总频次为 310 次，比例为 77.5%。可知，进行对数变换后可使监测数据更好地满足正态假设。

表 2.6　滇池水质指标逐年正态性检验结果　　（单位：年）

数据类型	站点	COD$_{Mn}$	BOD$_5$	NH$_3$-N	TN	TP	合计
	草海中心	17	15	13	18	18	81
	罗家营	17	17	18	19	19	90
对数变换	观音山	18	19	18	20	19	94
	滇池南	18	19	17	18	17	89
	合计	70	70	66	75	73	354
	草海中心	17	12	13	18	13	73
	罗家营	18	15	14	19	16	82
原始数据	观音山	16	16	13	18	16	79
	滇池南	17	17	13	17	12	76
	合计	68	60	53	72	57	310

本书采用正态分布总体研究水质变量对平均值标准的达标情况。当对数变换后变量服从正态分布时，其平均值与中位数重合，因而对比平均值基准时等价于对变换后变量中位数的检验。若将变换后的数据转换回原始数据，由于指数变换的非对称性，需要在其上加上修正因子（Sprugel，1983），而只要指数变换不改变变量的次序（单调变换），变量的分位数就不改变，因而对数变换后对数据的平均值进行检验实际上是对原始数据中位数的检验。本书直接对正态分布平均值进行假设检验，即对原始数据的中位数进行假设检验：一方面，中位数能够给出水质超标概率的具体信息，即超过中位数表明水质超标概率超过 50%，否则低于50%；另一方面，当采用压力响应模型建立营养盐基准时，往往先对营养盐数据进行对数变换，据此得到的营养盐基准应为中位数基准。诚然，如果水质标准中明确地指出浓度限值为原始数据的算术平均值时，则应对原始数据的算术平均值进行检验，此时，在进行数据变换时加上修正因子即可。

2.3.2.2 贝叶斯方差分析

根据监测数据确定样本容量之后的关键步骤是求得各年份或时段的平均值和总体方差。在传统上，平均值的求解采用算术平均值，根据式（2.28）直接计算，该式为最佳线性无偏估计。然而理论研究表明，采用贝叶斯方差分析方法对平均值进行参数估计，可通过部分数据聚集从其他年份的监测数据中借力，从而降低参数估计的不确定性，提高预测的准确性（Qian et al.，2015a）。此外，采用贝叶斯方差分析能够方便地求解总体方差和各个年份/时段的平均值（Qian，2015），因而本书采用贝叶斯方差分析求解总体方差的估计值和平均值。

假设相同水质指标在不同的监测断面具有不同的总体方差，而在相同站点具有相同的总体方差，建立的贝叶斯方差分析模型如下：

$$x_{ik} = m_i + \varepsilon_{ik} \tag{2.44}$$

$$m_i \sim N(m_0, \sigma_1^2) \tag{2.45}$$

$$\varepsilon_{ik} \sim N(0, \sigma_0^2) \tag{2.46}$$

式中，x_{ik} 为特定监测断面的特定监测指标经过对数变换后的监测数据；m_i 为年平均值或五年平均值，年平均值和时段平均值服从均值为 m_0、标准差为 σ_1 的正态分布；ε_{ik} 为残差，服从均值为 0、方差为 σ_0 的正态分布。共建立了 $4 \times 5 \times 2 = 40$ 个贝叶斯方差分析模型，其中方差估计结果见表 2.7。

表 2.7 不同断面水质变量的方差估计值

站点	COD$_{Mn}$	BOD$_5$	NH$_3$-N	TN	TP
草海中心	0.423	0.515	1.459	0.626	1.019
罗家营	0.426	0.333	0.633	0.384	0.766
观音山	0.416	0.346	0.586	0.372	0.771
滇池南	0.400	0.405	0.683	0.393	0.819

2.3.2.3 一年周期评价结果

在选择效应值时，为了使得不同类别的水质标准具有可比性，选择标准值的 0.1 倍作为效应值，则全部水质变量进行对数变换后的效应值为 $\ln(1.1) = 0.095$。根据以年为因子变量的贝叶斯方差分析模型可获得各个断面不同水质指标的年平均值（图 2.21）。值得注意的是，图中各点均为对数变换后数据的平均值，下同。对比草海和外海的水质浓度可知，草海中心 BOD$_5$、NH$_3$-N、TN 和 TP 水质比外海 3 个站点差，COD$_{Mn}$ 则差异不大；对比外海的水质监测断面，发现 3 个站点水质变量间差异很小。从趋势上看，草海的 BOD$_5$、NH$_3$-N、TN 和 TP 均具有下降趋势，COD$_{Mn}$ 波动性较大且没有显著趋势；外海 3 个断面 NH$_3$-N 和 COD$_{Mn}$ 没有明显趋势，BOD$_5$、TN 和 TP 具有下降趋势。上述水质变量的变化趋势是否能够导致水质级别的改善还需通过水质达标评价予以判定。

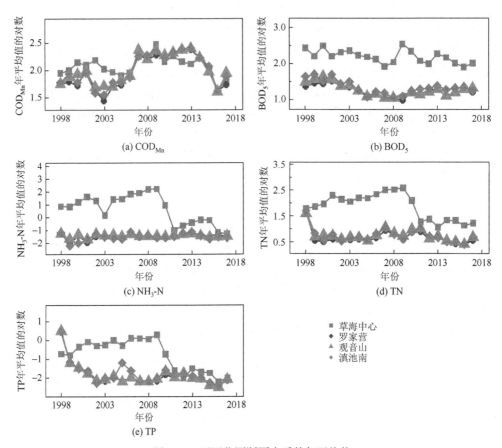

图 2.21　不同监测断面水质的年平均值

当采用二项分布总体进行水质达标评价时，可直接根据最大允许超标个数判定水质是否超标；而当采用正态分布总体进行水质达标评价时，由于最大允许平均值的计算受诸多因素的影响 [式（2.43）]，因而其计算非常浩繁：由于不同水质指标的标准值不同，因而需要区分水质指标之间的差异；由于相同水质指标在不同站点的方差不同（表 2.7），因而需要区分不同站点之间的差异；由于不同的水质级别的标准值不同，因而需要区分不同水质级别之间的差异。此外，不同成本比值也会对应不同的最大允许平均值，总计需要获得 4×5×3×3 = 180 个最大允许平均值。根据各个断面不同变量的方差和平均值，计算可得不同断面在不同水质标准对应不同成本比值时水质变量的最大允许年平均值（图 2.22）。由图可知，不同的成本比值对应的最大允许年平均值存在较大差异，表明成本比值可能对水质达标评价结果产生较大影响。随着成本比值的降低，最大允许年平均值降低，对于同样的水质标准，决策者对监测数据平均值的要求更严格。

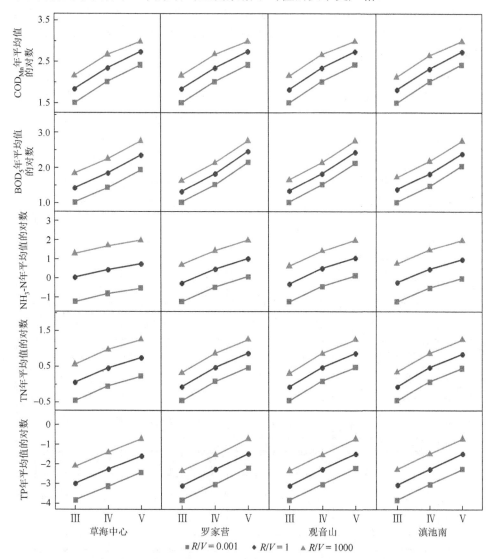

图 2.22　不同断面在不同水质标准时水质变量的最大允许年平均值

通过各个站点水质变量的逐年平均值（图 2.21）与对应的最大允许年平均值（图 2.22）的对比，即可分别以Ⅲ、Ⅳ、Ⅴ类水质标准值作为达标评价的标准值进行水质达标评价，选择每一年的最佳评价结果作为水质级别，即完成了水质级别评价（图 2.23）。由图 2.23 可知，①草海和外海的 COD_{Mn} 水质差别不大，且具有较强的波动性；草海和外海的 COD_{Mn} 在总体上优于Ⅴ类，但在缺乏较为准确的成本比值时，难以对其水质状态进行更加精确的判定。②草海 BOD₅ 水质明显劣于外海，且在Ⅳ类与劣于Ⅴ类之间波动，欲精确地判定其水质级别，需要对成本比值进行核算；外海水质则在总体上处于优于Ⅳ类的状态。③草海 NH₃-N 水质劣于外海，且具有较强的波动性，但在缺乏较为准确的成本比值时难以判断其类别；外海水质则长期稳定在优于Ⅲ类状态。④草海 TN 水质劣于外海，虽然当成本比值 = 1000 时可将近几年水质判定为Ⅴ类，但当成本比值＜1000 时该结果缺乏稳定性。⑤草海 TP 自 2008 年以来、外海自 2002 年以来，不同成本比值对应的水质评价结果均有很大差异，为了准确地评价 TP 水质，需要核算成本比值。

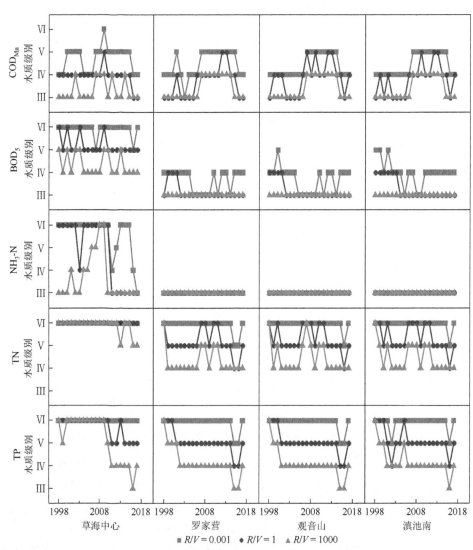

图 2.23　滇池水质分级评价结果（对数正态分布、一年周期）

2.3.2.4　五年周期评价结果

根据以每五年因子变量的贝叶斯方差分析模型可获得各个断面不同水质指标的五年平均值（图 2.24）。由图可知，外海 BOD_5、NH_3-N、TN 和 TP 水质均劣于草海，COD_{Mn} 水质差别不大。从趋势上看，COD_{Mn} 具有先上升后下降的趋势；草海 NH_3-N 具有下降趋势，外海 NH_3-N 变化不大；BOD_5 具有较小的下降趋势；草海 TN 具有下降趋势，外海 TN 的趋势特征不明显；TP 均有下降趋势。

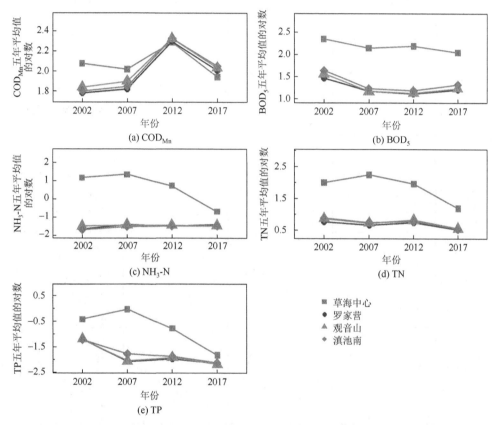

图 2.24　不同监测断面水质的五年平均值

最大允许五年平均值结果见图 2.25。由于不同断面的不同水质变量具有相同的方差，而分别以一年和五年为周期进行水质达标评价时的样本容量分别为 12 和 60，因而当以五年为评价周期时，不同成本比值对应的最大允许平均值之间的差距相对于以一年为评价周期时的差距更小，表现为最大允许平均值的图像更为紧凑（图 2.25）。由此可知，以不同年份为周期的最大允许平均值不同。以 BOD_5 的最大允许平均值为例，以五年为周期时草海中心断面不同成本比值对应的最大允许平均值之间的差距明显更小，而外海 3 个站点不同成本比值对应的最大允许平均值几乎是重合的，表明随着样本容量的增加，样本能够为水质状态评价提供的信息越多，此时不同的成本比值对水质评价时所能接受的最大允许平均值的影响则相对越小。与二项分布的结果不同，由于正态分布是连续分布，因而样本容量的增加会使得最大允许平均值连续变化。

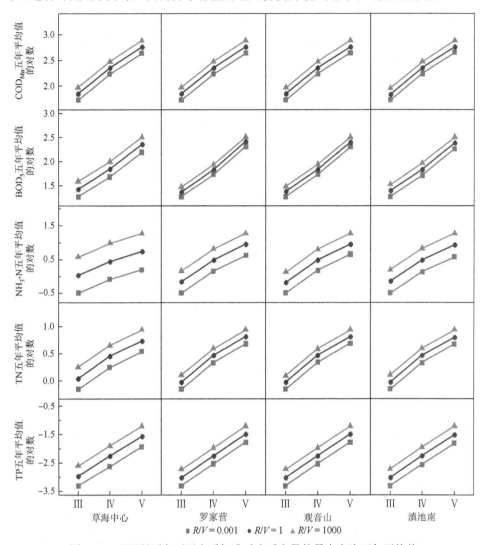

图 2.25　不同断面在不同水质标准时水质变量的最大允许五年平均值

以五年为周期的水质级别评级结果见图 2.26。由图可知，①草海和外海的 COD_{Mn} 水质差别不大，且具有较强的波动性；在总体上优于 V 类且劣于Ⅲ类；在"十二五"期间外海 3 个断面的水质可判定为Ⅳ类水质，而草海中心则在成本比值为 1000 时的水质可判定为优于Ⅲ类。②草海 BOD_5 水质明显劣于外海，且

在 Ⅴ 类～劣于 Ⅴ 类波动，"十二五"期间将其水质判定为 Ⅴ 类具有稳定性；而外海水质则具有改善趋势，"十五"期间以来其水质可判定为优于Ⅲ类。③草海 NH$_3$-N 水质劣于外海，且具有较强的波动性，但在"十二五"期间具有很大幅度的改善，由以往的劣于Ⅳ类变为稳定的Ⅲ类；外海水质则长期稳定在优于Ⅲ类状态。④草海 TN 水质劣于外海，且长期处于劣于 Ⅴ 类状态；而外海水质则有改善的趋势，"十二五"期间其水质可判定在Ⅳ类～Ⅴ类。⑤TP 草海水质劣于外海，且长期处于劣于 Ⅴ 类状态，"十二五"期间有所好转，但若要准确地判定其类别还需要核算成本比值；而外海水质则有改善的趋势，"十二五"期间其水质可判定在Ⅳ类～Ⅴ类。

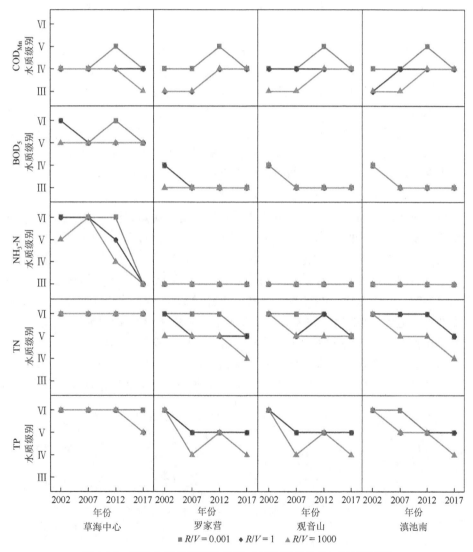

图 2.26　滇池水质分级评价结果（对数正态分布、五年周期）

2.4 建议与小结

2.4.1 对水质达标评价的建议

当前，根据《地表水环境质量评价办法（试行）》的要求，我国采用平均值法进行水质达标评价。然而，常规水质监测不可能获得湖体在任何时空位置的水质状态，平均值法忽视了水质变量存在时空变异性而使得达标评价结果面临较大的风险。例如，当水质变量服从对数正态分布时，根据式（2.30）平均值法计算导致的弃真错误概率高达 0.5。

尽管水质是否达标的状态是确定的，但却是不可知的。在统计学假设检验中，当采用监测数据推断总体特征时不可避免地要犯弃真错误或取伪错误。作为湖泊水质目标风险管理的重要步骤，水质达标评价对确定措施是否实施具有决定性作用。当水质达标但被判定为超标时，会造成水质的过保护，产生额外的污染防治成本；当水质超标但被判定为达标时，会造成水体的欠保护，造成对人体或生态系统的损失。由于判定为水质超标或达标均会对应不同的错误概率和额外成本，因而水质达标评价的依据应为期望水质损失成本，为决策提供定量的成本信息。而已有的水质达标评价方法忽视了成本维度。

综上所述，水质变量的不确定性和成本均会对水质达标评价造成影响，本书建议在水质达标评价时考虑变量不确定性（计算两类错误概率）的基础上，纳入成本维度，以期望损失最小进行达标决策。本章提出的面向管理的水质达标评价方法即可实现上述要求（图 2.27），该方法可通过下面假设进行简单阐述：若将水质判定为超标，判断错误的概率为 0.05，对应成本为 500，期望损失为 25；若将水质判定为达标，判断错误的概率为 0.1，对应成本为 100，期望损失为 10；为了使期望损失最小，应将水质判定为达标。由此可知，面向管理的水质达标评价方法能够为达标决策提供与成本相关的定量信息，根据该信息可方便地进行决策。因而，本书建议采用面向管理的水质达标评价方法进行水质达标评价。本章给出

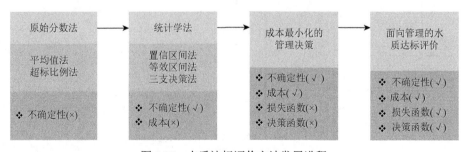

图 2.27　水质达标评价方法发展进程

了二项分布总体最大允许超标个数的参考表和正态分布总体最大允许平均值的孔雀图，可直接用于指导水质达标评价最大允许超标个数或最大允许平均值的选取。

核算污染防治成本和水质损失成本是十分烦琐的工作，是面向管理的水质达标评价方法的关键和难点。在实践中，可采用本章案例的研究思路，先给出成本比值的可能范围并进行达标评价，如果评价结果一致，则表明监测数据可为水质达标评价提供足够的信息而无须核算成本比值；如果评价结果不一致，可根据有经验的专家意见估算成本比值的大致范围并进行达标评价，如果评价结果一致则可作为最终结果；如果评价结果仍不一致，则需要核算两类成本并计算比值，以获得最终评价结果。因此，对于成本比值而言，本书建议采用"范围→估算→核算"的思路进行，以提高方法的实用性。当成本信息不足时或对大型污染防治工程（或重点保护群体）而言，精确地核算成本比值是必要的。

在技术层面上，无论采用何种与统计学方法相关的水质达标评价方法，均会出现两个阈值：第一个是与标准值对应的阈值，大致可表示在标准值的基础上能够忍受的最大阈值；第二个阈值通常是主观设定的，如二项分布总体中通常假设效应值为 0.15，即备择假设的超标概率为 0.25。这种主观设定的阈值缺乏依据。鉴于双重阈值在水质达标评价中的广泛性，而水质达标评价方法又是基于水质标准进行的，因此未来在建立水质标准时应该充分考虑其与水质达标评价过程的协调性，对于某一特定类别的水质限值建议采用双值标准。

2.4.2 小结

针对传统的水质达标评价方法未考虑污染防治成本和水质损失成本的问题，结合水质变量的不确定性，本章提出了面向管理的湖泊水质达标评价方法。该方法包括风险矩阵的计算、给出成本矩阵、求得期望损失函数和进行水质达标决策 4 个步骤，其中，风险矩阵的计算是将成本纳入水质达标评价的关键，而期望损失函数体现了对成本最小化的环境管理决策方法的改正。

对于分位数标准和平均值标准而言，分别以二项分布和正态分布总体为例，在不同的成本比值下，阐述了面向管理的湖泊水质达标评价方法的关键步骤，给出了二项分布总体最大允许超标个数的参考表和正态分布总体最大允许平均值的孔雀图，对指导水质达标评价具有重要价值。

在案例分析中，将水质达标评价方法扩展为适用于我国水质分级体系的水质分级评价方法。以滇池的 4 个监测断面为例，分别以一年和五年为监测周期，设定 3 种成本比值情况，对分位数、平均值基准和 5 种水质指标进行了分级评价，得到了滇池水质分级评价的结果及其时间序列趋势。结果发现，成本比值对很多水质达标结果具有很大影响，表明将成本纳入水质达标评价的必要性，验证了面向管理的水质达标评价方法的合理性。

第3章 基于模型选择的湖泊响应动态性识别

3.1 基于模型选择的响应动态性识别方法

当响应关系存在动态性而使用非动态模型描述时，或响应关系不存在动态性而使用动态模型描述时，均可能会对水质改善产生错误的预期，导致水质预期与水质实际状况之间的偏差，带来风险。在制定营养盐基准时，往往不加区分地使用生态分区作为空间尺度，而忽视了生态分区内部驱动因子的空间异质性可能会带来的动态性响应，此外响应关系在不同的年份和季节也有可能存在动态性特征。采用动态模型模拟响应关系时，经常忽视采用动态模型合理性的验证。据此，本章提出基于模型选择的响应动态性识别方法，分别假设响应关系不存在动态性和存在动态性，通过选择合理的模型评价准则进行模型筛选，对上述假设分别进行检验，以识别响应的动态性。下面将首先对已有的动态响应关系模型及其应用进行简介，然后给出基于模型选择的响应动态性识别方法框架，详细阐述该方法在识别 Chla-TP 关系在时间、季节和空间维度上动态性的案例研究。值得一提的是，在研究空间维度上的响应动态性时，创新性地提出了一种基于响应关系的聚类方法，能够实现对根据响应关系的相似性进行聚类和最佳类别个数的选择，该方法的结果进一步地被用于营养盐空间尺度的讨论。

3.1.1 动态响应关系模型

响应关系的动态性是指响应关系的变异性，包括渐变或者突变。由于自然和社会经济状况的时空异质性，水质变量之间的响应关系在不同年份、季节和空间维度上可能存在动态性；表现在用于模拟响应关系的模型上，即为模型结构或参数的动态性（Grizzetti et al., 2005）。例如，Obenour 等（2015）的研究表明，近年来美国伊利湖的 Chla 对 TP 的敏感性有增强趋势；Cha 等（2016b）对韩国洛东河自上游到下游的 16 个监测断面、12 个月份的 Chla 与 TP、流量之间的响应关系进行了分析，发现 Chla 与 TP、流量之间的响应关系具有明显的空间和季节性模式；Stow 和 Cha（2013）的研究表明，当湖体 Chla 浓度增加时，TP 的利用效率提高，表明 Chla 可作为其与 TP 响应关系动态性判别的变量；在计算流域营养盐输出负荷时，不同的土地利用方式对应不同的输出系数，表现为输出系数的时空差异性（Yang et al.，2014）。此外，生态学领域稳态转换理论对于理解响应关系的动态性具有启发意义。稳态转换理论指出，当湖泊系统由清水稳态向浊水稳态转换后，其机理过程及表征湖泊水质的状态变量之间的响应关系会发生复杂的变化（图 3.1）。一般而言，湖泊系统的稳态转换通常发生在较长的时间尺度上，其对响应关系动态性的影响主要表现在时间维度上。

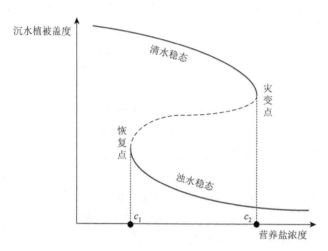

图 3.1　清水稳态与浊水稳态的转换关系（年跃刚等，2006）

　　目前，关于响应关系动态性的研究方法包括统计学模型和机理模型，这些模型可称为动态响应关系模型，或者简称为动态模型。统计学模型包括突变点模型、层次模型和动态线性模型等。突变点模型通过识别响应关系在时间维度或者变量维度上导致响应关系变化的点将响应关系分段，表征响应关系的动态性。常用的模型包括：①分段回归模型。该方法引入一个标识突变点的二元变量，通过迭代算法同时求解最佳的突变点和其他参数（Toms and Lesperance，2003）。例如，Cao 等（2017）采用分段回归模型研究了云南省小湖泊群细菌丰度与 pH、农业用地比例之间的突变响应关系，并采用 Davies 检验验证了突变点前后斜率变化的显著性。②非参数突变点模型。该方法采用方差削减法对突变点进行估计，并采用 bootstrap 法确定突变点的置信区间（Qian et al.，2003）。例如，Huo 等（2014）采用非参数突变点模型识别出导致 Chla 浓度发生突变的 TN 和 TP 浓度，并将其作为营养盐的基准值。③贝叶斯突变点模型。该类方法包括采用贝叶斯参数估计理论对突变点和其他参数进行估值的一系列模型（Qian et al.，2004），与分段回归模型和非参数突变点模型相比，贝叶斯突变点模型具有灵活的结构，能够同时识别斜率、截距和残差的突变点，且能够同时识别多个突变点。例如，Alameddine 等（2011）建立了 TN 浓度与流量之间的阈值突变点模型，分析了 TMDL 计划实施前后响应关系的差异。④Sizer 模型。该方法采用局部加权回归方法对响应关系的突变点进行识别，不同的局部回归参数对应不同尺度的突变点；该方法可用于多突变点的探究（Sonderegger et al.，2009）。⑤TITAN 模型。与其他模型相比，TITAN 模型的提出具有针对性，该方法能够识别环境梯度变化对种群分布影响的突变点。与非参数突变点模型采用方差削减方法进行突变点识别的方法不同，TITAN 模型采用指示种分析中的指标值得分作为突变点识别的依据（Baker and King，2010）。

层次模型能够很好地体现生态系统的层次结构，能够很好地揭示在不同时空尺度下响应关系的动态变化，并可用于探索性或者定量地分析响应关系动态变化的驱动因子（Qian et al.，2010），包括经典统计学中的混合效应模型和贝叶斯层次模型。例如，在 Malve 和 Qian（2006）的研究中，芬兰的 253 个湖泊按照面积、深度和胡敏酸度被分为 9 种类型，研究者采用贝叶斯层次模型建立了 9 类湖泊 Chla 与 TN、TP 之间的响应关系，以探究不同湖泊类型响应关系的动态性特征。Soranno 等（2014）采用贝叶斯层次模型研究了美国 35 个生态分区 Chla-TP 的响应关系，发现响应关系在区域之间存在较大的差异，并分析了导致差异的区域性和局部性驱动因子。Obenour 等（2015）采用贝叶斯层次模型研究了伊利湖的 TP 负荷与藻类生物量之间的年际动态关系，发现伊利湖的藻类生物量对 TP 的敏感性具有变强的趋势，表明伊利湖的富营养化控制面临更大挑战。

DLM 模型是一种体现参数渐变性的时间动态模型。该模型包括两类方程——响应方程和进化方程，参数的渐变性体现在进化方程中不同时刻参数的关系。例如，Lamon III等（2004）采用 DLM 模型研究了美国亚德金河泥沙浓度与流量、水位等的响应关系，分析得到泥沙浓度与流量、水位之间的时间动态特征。此外，更为广义的变参数模型可为响应关系的动态性提供更大的自由度，然而必须要注意的是尽管参数是可变的，但是其变化必须具有机理过程的支撑和模型的约束（如DLM 模型中的进化方程），无论何种形式的缺乏约束的变参数模型均有很大的导致模型过拟合的风险。突变点模型的可变参数之间没有任何联系，层次模型的可变参数之间通过共同的先验分布联系起来，而动态线性模型的可变参数则由进化方程紧密地联系起来。因此，这 3 种模型的可变参数之间联系的紧密程度为动态线性模型＞层次模型＞突变点模型。

与统计模型不同，在机理模型中，响应关系的动态性应体现为模型结构或者参数的动态变化，而非表观上状态变量关系的动态变化。例如，Li 等（2015）建立了云南省异龙湖的零维动态营养盐驱动的浮游藻类模型，研究了该湖状态变量（Chla、TN、TP）之间的关系在长时间尺度上的动态变化，以揭示该湖营养盐的内部循环特征。该研究首先采用状态变量的突变点对模型进行分段，将 145 组监测数据（不均匀地分布在 15 年中）分为 24 段。Wu Z 等（2017）建立了含有 23 个突变点的机理模型，即滇池动态参数的零维湖泊富营养化模型，以揭示滇池不同营养盐的内部循环过程。该模型主观上认为不同年份的不同季节的模型参数不同，将 8 年（2002～2009 年）监测数据分为 32 段，建立了 32 个模型用于模拟水质监测数据（Chla、TP、NH_3-N、NO_3-N、有机氮）。

3.1.2 响应关系动态性识别方法

响应关系动态性的识别是确定是否应该采用动态模型模拟变量之间关系的过程，而非响应关系动态性的论证或验证过程。该步骤对于合理地描述变量间的响应关系、辅助管理决策具有重要意义：一方面，如果响应关系具有动态变化特征，而在建模时未对动态响应关系进行考虑，则会使得决策缺乏针对性，导致不恰当的决策，带来决策风险；另一方面，如果响应关系不具有动态变化特征，而强行建立动态模型，则会导致对监测数据的过拟合，尽管模型对监测数据具有较好的拟合效果，却不能为决策提供任何有用的信息和支撑。

不幸的是，在模型中响应关系动态性的识别不是直观的，而是需要科学合理的方法进行识别。尽管目前响应关系的动态性特征已经引起了广泛的重视，研究方法和案例也较多，但是相关研究中通常忽略了对是否应该使用动态性模型这一问题的探讨。在已有的研究中，对动态模型的使用具有主观性，动态参数的选择往往依据检验进行判断。例如，在长时间尺度上，当湖泊系统发生一些变化后，如稳态转换或者物种入侵时（Zhao et al.，2013），就认为响应关系发生了变化，直接建立动态模型，而未对动态模型的合理性进行分析。再如，季节尺度上，将不同年份不同季节的参数进行分段，然后对每一段赋予单独的参数（Wu P Y et al.，2017）。还有一些研究采用不恰当的方法对时间进行分段或者进行滑动分析。例如，采用状态变量浓度的变化作为响应关系变化的依据（Li et al.，2015）；而实际上，状态变量的显著变化并不一定导致响应关系的显著变化（Andersen et al.，2009），二者之间没有必然联系。在实践中，建立的动态模型自身往往不具有能够指示其相对于非动态模型合理性的指标。尽管有的模型通过比较不同段的动态模型参数差异的显著性来对动态模型的选择进行佐证，但是差异的显著性并不能避免模型过拟合。

为了解决在响应关系动态性研究中忽视动态模型合理性验证和缺乏动态模型合理性评估方法的问题，本书提出一种基于模型选择的响应关系动态性识别方法。该方法包括如下 4 个步骤（图 3.2）。

（1）动态参数的选择和设定。根据对研究对象先验知识的收集、机理过程的研究和时间、季节、空间异质性的判断选择动态参数，给定参数分段的依据。

（2）备选模型的建立。该步骤是本方法区别于直接采用动态模型分析响应关系的关键步骤，除了建立含有动态参数的模型外，还要建立不含动态参数的模型，

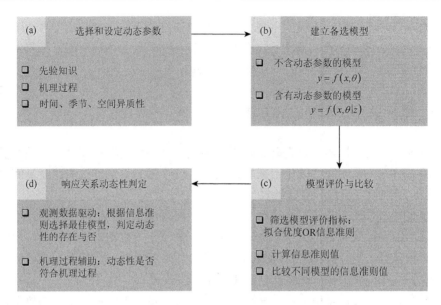

图 3.2　基于模型选择的响应关系动态性识别方法步骤

这两类模型统称为备选模型。需要注意的是,含有动态参数的模型可能有多个,其原因在于在设定动态参数时可能难以给出唯一的动态参数设定方式。

(3)模型的评价与比较。该步骤是本方法的核心,其目的在于选择合理的模型评价指标,以助于筛选出数据驱动的最佳模型。首先需要筛选用于模型评价的指标,常见的指标为评价模型拟合优度的指标,如均方误差、可决系数和纳什效率系数等。然而,该类指标不能用于模型的选择过程,因为随着模型动态性的提高,其参数个数和模型复杂程度提高,因而模型的拟合优度总是倾向于变好。模型的拟合优度准则总是支持动态性强的模型。显然,用于模型选择的指标应该兼顾模型的复杂性和拟合优度。在经典统计学理论中,信息准则即为一类可兼顾模型的复杂性和拟合优度的模型评价指标,已经被广泛地应用于嵌套模型中最优模型的筛选和非参数模型参数的优选等。

常见的信息准则包括赤池信息准则[Akaike information criterion,AIC,式(3.1)]、贝叶斯信息准则[Bayesian information criterion,BIC,式(3.2)]和适用于小样本(样本容量<40)的修正的赤池信息准则[corrected Akaike information criterion,AICc,式(3.3)]等。采用信息准则进行模型评价能有效地避免模型过拟合,例如,Fergus 等(2011)为了探究湖泊 TP 和色度的影响因素,构建了多个模型,并采用 AIC 选择了最佳模型,从而识别出对 TP 和色度具有重要影响的区域和局部驱动因子。在贝叶斯统计学理论中,常用的信息准则包括离差信息准则(deviance information criterion,DIC)、渡边赤池信息准则(widely applicable information criterion,WAIC)

和留一交叉检验信息准则（leave-one-out information criterion，LooIC）等。例如，为了研究芬兰 9 种类型湖泊的 Chla 与营养盐之间的响应关系，Malve 和 Qian（2006）建立了贝叶斯非层次模型和贝叶斯层次模型，通过比较不同模型的 DIC 值，筛选出贝叶斯层次模型为模拟监测数据的最佳模型。信息准则可根据其适用条件进行选择。

$$\text{AIC} = -2\ln L + 2k \tag{3.1}$$

$$\text{BIC} = -2\ln L + k\ln n \tag{3.2}$$

$$\text{AIC}_c = \text{AIC} + \frac{2k(k+1)}{n-k-1} \tag{3.3}$$

式中，L 为似然函数；k 为参数个数。一般而言，信息准则值越小的模型表明监测数据对该模型的支持度越高，对应的模型更应被选择为最佳模型。然而，在实践中信息准则的微小差异并不能用于支撑最佳模型，因而需要对各个备选模型信息准则值差异的显著性进行判断。例如，对于两个模型的 AIC_c 值之差（ΔAIC_c）而言，当 $\Delta\text{AIC}_c < 3$ 时认为两个模型对监测数据具有相近的拟合效果；而当 $\Delta\text{AIC}_c > 10$ 时，则认为监测数据对于 AIC_c 值较小的模型具有极大的支撑（Shipley，2013）。对于多个模型的选择而言，可根据不同模型的 AIC 值计算对应的赤池权重，表征每个模型入选为最佳模型的概率，进而进行模型筛选（Anderson and Burnham，2002）。

（4）响应关系动态性的判定。由于本方法能够给出信息准则及其差异的定量值，因而通过比较动态模型和非动态模型的信息准则值则可对响应模型动态性进行判定。需要说明的是，信息准则的计算完全取决于模型结构和监测数据，因而信息准则是一种数据驱动的判别方法；其结果还需要再度结合机理过程，并将其作为响应关系动态性的辅助判断。若根据数据驱动的结果与对湖泊系统的认知相差甚远，则需要仔细审核建模和参数估计过程，审慎地对模型的合理性做出判断。

本书将上述基于模型选择的响应关系动态性识别方法用于营养盐基准的建立中。在使用压力响应模型建立营养盐基准时，需要建立管理终点与营养盐之间的响应关系，而这种响应关系的动态性特征可采用上述方法进行识别。当设定确定的 Chla 浓度作为水质目标时，响应关系的动态性等价于营养盐基准的动态性。湖泊系统的浮游藻类生长一般认为主要受磷限制，因而本书选择 Chla-TP 的响应关系进行研究。尽管当前对于湖泊富营养化问题的控磷和氮磷双控问题存在激烈的争论（Schindler et al.，2016；Baulch，2013），但是并不影响本研究对湖泊营养盐基准动态性的探究的结论。需要说明的是，对于氮磷双控的湖泊而言，根据 Chla-TP 关系得到的 TP 浓度限值是在其对应的 TN 浓度条件下的限值。除了研究营养盐基准的空间动态性，以确定其合理的空间尺度外，本书还选择云南富营养化的典型湖泊，分析了 Chla-TP 响应关系在时间和季节尺度上的动态性特征。由于数据的可得性和案例研究地的不同特征，难以找到一个案例研究地同时探究营养盐基准在时间、季节和空间维度的动态性，因而不同的维度选用不同的案例研究地。

　　本章提出的基于模型选择的响应关系动态性识别方法与第 2 章提出的面向管理的水质达标评价方法在思想层面上具有密切的联系，基于模型选择的响应关系动态性识别方法可认为是面向管理的水质达标评价方法的一种扩展：①面向管理的水质达标评价方法是对原假设和备择假设对应的两个分布进行选择，而基于模型选择的响应关系动态性识别方法则是对响应变量的拟合效果进行筛选，在分布均值的基础上加上预测变量的效应，实现了由分布到效应关系的扩展；②面向管理的水质达标评价方法的备选模型仅有两个，而基于模型选择效应关系动态性识别方法除了能够识别是否应使用动态性模型外，还能在不同的动态性模型中进行筛选，实现了模型个数由二到多的扩展。两者在模型选择的准则上有差异，面向管理的水质达标评价追求损失函数最小，由监测数据和成本驱动，而基于模型选择的响应关系动态性识别方法则根据信息准则进行，直接由监测数据驱动。

　　当建立多模型辅助决策时，除了筛选出最佳模型进行分析外，还有一类多模型思路，即选择符合特定标准的模型集合，通过模型集的输出结果进行决策（如模型平均或输出区间）。在决策时应依赖最佳模型还是多模型尚未定论。本书认为，使用最佳模型还是多模型应取决于模型假设：当不同模型的假设互斥时，则应选择最佳模型辅助决策；而当模型假设之间互补或者非互斥时，则可选择多模型思路。例如，在第 2 章进行水质达标评价时，将水质判定为达标和超标就是互斥的，其对应的模型也是互斥的，不能采用多模型思路；在本章中，响应关系是否具有时空动态性，或者响应关系的突变点到底有几个，都是互斥的，这些假设对应的模型也应是互斥的，应根据筛选出的最佳模型进行决策；而 Scavia 等（2017）在研究墨西哥湾夏季低氧状态时，建立了 4 个侧重于不同过程的机理或统计模型，模型对应的假设不具有互斥的特性，此时采用多模型进行决策是合理的。

3.2　异龙湖营养盐基准的时间动态性研究

3.2.1　案例研究地简介

　　异龙湖位于我国云南省红河州石屏县境内（102°30′E～102°38′E，23°39′N～23°42′N），是云南省九大高原湖泊之一，属珠江流域南盘江水系（图 3.3）。该湖平均海拔为 1414m，湖面面积为 28.37km²，湖岸线长约为 42km，流域面积为 360.4km²；最大蓄水量为 1.1 亿 m³，平均水深为 3.9m，最大水深为 5.7m。年平均水温为 20℃，无结冰期。由于该湖水深较浅，且受风力影响，为完全混合湖泊。

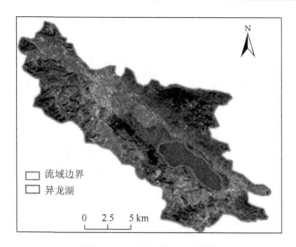

图 3.3　异龙湖的地理位置

异龙湖现为富营养化湖泊，水质常年处于劣于 V 类水平（刘伟，2014）。本书收集了异龙湖 2004~2016 年的水质监测数据，监测频次为每月 1 次，总计有 12×13 = 156 组监测数据；数据来源于云南省环境监测中心站。TP、TN 和 Chla 的多年平均值分别为 92μg/L、3364μg/L 和 82μg/L。由 3 种水质指标的时间序列图（图3.4）可知，在 2009 年之前 3 种水质指标均处于较低浓度水平，2009~2014 年处于较高浓度水平，而在 2014 年之后又回到了较低的浓度水平。近十几年来，异龙湖的水质存在由好变差、又由差变好的总体趋势。其中，2009 年前后，异龙湖发生了湖泊系统由清水草型稳态向浊水藻型稳态的转换，已有较多的相关报道和研究（Li et al.，2015；Zhao et al.，2013）；2008 年春季，当地开展了清除浮游藻类、提高渔民收入的"生态养鱼"行动，多次向湖中投放鱼苗，累计多达 60t。然而，大量富含营养盐的饵料也相继被投入湖中，幼鱼的生长也会大量捕食浮游动物而不会优先滤食浮游藻类，这些条件反而有利于浮游植物的生长。生态养鱼不但没有消除浮游藻类，反而导致了由清水稳态向浊水稳态的转换。在 2014 年前后，是否发生了稳态转换尚未有相关报道或者研究，但 Chla 浓度却有较大幅度的下降。一种可能的原因是：2013~2015 年，异龙湖流域连年干旱，生态养鱼项目中止，从而导致了湖泊营养盐和 Chla 浓度的下降。

本书根据 3.1 节提出的方法，采用贝叶斯突变点模型作为动态模型，在长时间尺度上进行探究：①异龙湖 Chla-TP 的响应关系是否发生了变化；②如果发生了变化，其响应关系的突变点在何时；③响应关系在各个时间段的变化情况如何；④响应关系的动态变化对该湖 TP 基准值和湖泊富营养化防治策略有何影响。此外，本书还探究了响应关系的突变点与状态变量浓度突变点是否存在协同关系。

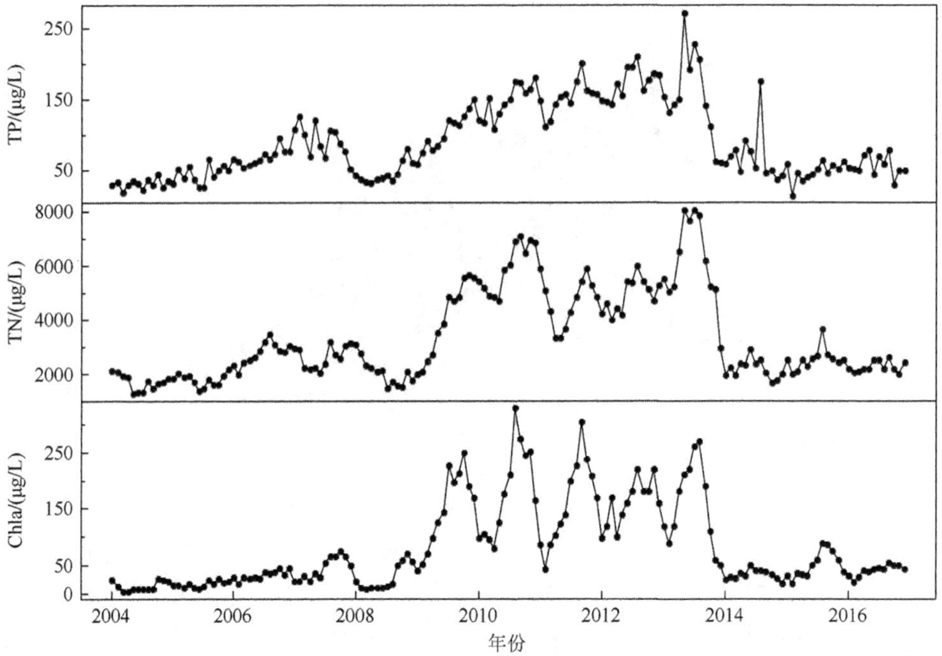

图 3.4 异龙湖水质时间序列图

3.2.2 备选模型

根据对异龙湖 TP 和 Chla 浓度变化情况的时间序列分析，以及对异龙湖稳态转换和气候变化情况的资料收集，本书建立了 3 个动态模型，分别为含有 1 个、2 个和 3 个突变点的模型。加上不含突变点的非动态模型，共建立 4 个备选模型。不同突变点个数动态模型的建立依据（模型假设）见表 3.1。

表 3.1 异龙湖 Chla-TP 关系的备选模型

模型名称	突变点个数	模型假设
NCP	0	响应关系无突变
CP1	1	稳态转换或者干旱事件使得响应关系发生了显著变化
CP2	2	稳态转换和干旱事件均使得响应关系发生了显著变化
CP3	3	稳态转换、干旱事件及某一未知因素均使得响应关系发生了显著变化

不含突变点的非动态模型（NCP）假设尽管浓度发生了变化，湖泊系统也发生了稳态转换，但是 Chla-TP 的响应关系并未发生显著变化。参考常见的压力响应模型（Oliver et al.，2017；Huo et al.，2014），建立 Chla-TP 的对数线性关系：

$$y_i \sim N(ax_i + b, \sigma^2) \tag{3.4}$$

式中，i 为监测数据序号，$i = 1, 2, \cdots, 156$；y 为自然对数变换后的 Chla 浓度；x 为进行对数变换和中心化的 TP 浓度，即对 TP 进行自然对数变换后，再减去 TP 平均值的自然对数值；a 为斜率，其含义为 TP 浓度每增加 1%，Chla 浓度增加的百分比；b 为截距，根据数据的变换情况，可知其表示 TP 浓度为平均值时 Chla 浓度的对数值；σ 为残差标准差。

含有一个突变点的模型（CP1）假设 2009 年前后被广泛报道和研究的稳态转换前后，响应关系发生了显著变化（或者干旱事件使得响应关系发生了显著变化），此时需要给出一个时间的突变点。需要说明的是，该突变点需要根据监测数据和算法进行求解，尽管本书假设是稳态转换（或者干旱事件）导致了该突变点，但模型参数估计结果不一定就在稳态转换点（或者干旱事件发生的时刻）。模型可表示为

$$y_i \sim N(a_{L_i} x_i + b_{L_i}, \sigma^2) \tag{3.5}$$

$$L_i = \begin{cases} 1, & i < p \\ 2, & i \geq p \end{cases} \tag{3.6}$$

式中，i 为监测数据序号，$i = 1, 2, \cdots, 156$；y 为自然对数变换后的 Chla 浓度；x 为进行对数变换和中心化的 TP 浓度；L_i 为参数 a 和 b 的状态标识，在含有一个突变点的模型中，包括突变点前后的两个状态，分别用 1 和 2 标识；对应的 a_1、a_2 分别为突变点之前的状态和突变点之后的斜率；b_1 和 b_2 分别为突变点前后的截距；p 为突变点，理论上，p 可能的取值范围是 $i = 2, 3, \cdots, 155$。

含有两个突变点的模型（CP2）假设稳态转换及干旱事件均使得响应关系发生了显著变化。此时动态模型包括两个时间突变点。两个突变点需要根据监测数据和算法进行求解。该模型可表示为

$$y_i \sim N(a_{L_i} x_i + b_{L_i}, \sigma^2) \tag{3.7}$$

$$L_i = \begin{cases} 1, & i < p_1 \\ 2, & p_1 \leq i < p_2 \\ 3, & i \geq p_2 \end{cases} \tag{3.8}$$

式中，i 为监测数据序号，$i = 1, 2, \cdots, 156$；y 为自然对数变换后的 Chla 浓度；x 为进行对数变换和中心化的 TP 浓度；L_i 为参数 a 和 b 的状态标识，在该模型中，包括突变点前后的 3 种可能状态，分别用 1、2、3 标识；a_1、a_2、a_3 和 b_1、b_2、b_3 对应的参数分别为突变点之前的状态和突变点之后的斜率和截距；p_1 和 p_2 为突变点，显然二者之间满足 $p_1 < p_2$。

含有 3 个突变点的模型（CP3）假设除了稳态转换和干旱事件外，还可能存在其他未知的事件或者驱动因素，使得响应关系发生了显著变化。此时动态模型包括 3 个时间突变点，用于标识突变点的位置。该模型可表示为

$$y_i \sim N(a_{L_i} x_i + b_{L_i}, \sigma^2) \tag{3.9}$$

$$L_i = \begin{cases} 1, & i < p_1 \\ 2, & p_1 \leqslant i < p_2 \\ 3, & p_2 \leqslant i < p_3 \\ 4, & i \geqslant p_3 \end{cases} \tag{3.10}$$

式中，i 为监测数据序号，$i = 1, 2, \cdots, 156$；y 为自然对数变换后的 Chla 浓度；x 为进行对数变换和中心化的 TP 浓度；L_i 为参数 a 和 b 的状态标识，在该模型中，包括突变点前后的 4 种可能状态，分别用 1、2、3、4 标识；a_1、a_2、a_3、a_4 和 b_1、b_2、b_3、b_4 对应的参数分别为突变点之前的状态和突变点之后的斜率和截距；p_1、p_2、p_3 为突变点，满足 $p_1 < p_2 < p_3$。

上述模型的难点在于参数估计，常用的分段回归法只能用于探究单个突变点的模型；当模型中含有多个突变点时，需要采用二分法逐次增加一个突变点，即在前一次结果的基础上对各个时段分别求一个突变点，再筛选一个使得模型拟合效果最佳的分段方式，最终结果是具有层次结构的树状结构。显然该方法非常烦琐，且 N 个突变点的结果不必基于 $N-1$ 个突变点的结果。

贝叶斯突变点模型可为多个突变点模型的参数估计提供便利（Cahill et al.，2015）。本书采用贝叶斯突变点模型对参数进行估值。对突变点而言，给予可能取值范围的均匀离散分布。当含有多个突变点时，首先根据该离散分布抽样，然后对抽样结果进行排序，以满足各个突变点之间大小关系的要求。该步骤是保证模型有多个突变点时，突变点估计结果收敛的关键。对其他参数而言，给予无信息先验分布。采用 R 软件（版本 R x64 3.4.3）调用 JAGS（版本 JAGS 4.3.0）进行马尔可夫链蒙特卡罗（Markov chain Monte Carlo，MCMC）抽样，获得参数的后验分布。共设定 3 条链，每条链迭代 200000 次，前 100000 次用于预热，后 100000 次用于抽取参数的后验分布。采用 R_hat 统计量保证链的收敛（R_hat < 1.1）（Arhonditsis et al.，2007）。参数的后验分布可由 JAGS 软件方便地给出。根据本研究的经验，当对突变点采用等概率离散分布作为先验分布进行抽样时，需要很长的运算时间（CP1、CP2、CP3 模型的运算时间分别约为 35min、115min、180min，基于 x64 处理器、8G 内存、i5 3470 CPU）；而选择均匀分布作为突变点的先验分布时，则可大大缩短运算时间。然而考虑突变点用于标识响应关系的突变时刻，而时刻对应的月份为离散的，因而选择等概率离散分布作为先验分布。

如前所述，对贝叶斯模型进行模型评价的信息准则包括 DIC、WAIC、LooIC 等；JAGS 软件能够方便地给出 DIC 值，而 WAIC 和 LooIC 值的计算则尚未实现。尽管 WAIC 和 LooIC 在 STAN 软件中可较为方便地计算，然而 STAN 软件在求解突变点模型时比较乏力，因而本书采用 DIC 准则作为模型评价的准则。DIC

（Spiegelhalter et al.，2002）的计算公式为

$$\text{DIC} = \overline{D(\theta)} + p_D \tag{3.11}$$

式中，$D(\theta)$ 为贝叶斯离差，表达式为

$$D(\theta) = -2\ln(p(Y \mid \theta)) + 2\ln(f(Y)) \tag{3.12}$$

其中，$Y = \ln(\text{Chla})$，$f(Y)$ 为似然函数的理论最大值，因而 $D(\theta)$ 值越小，表明模型的拟合效果越好；$\overline{D(\theta)}$ 为离差均值；p_D 为模型的复杂程度（是计算贝叶斯模型自由度的重要依据），由离差均值减去均值离差得到，其表达式为

$$p_D = \overline{D(\theta)} - D(\bar{\theta}) \tag{3.13}$$

式中，$D(\bar{\theta})$ 为均值离差，即参数为后验分布均值时的离差；p_D 越小，表明模型复杂程度越小。因而，DIC 值为模型拟合优度和复杂程度的综合，较小的 DIC 值对应的模型，表明在考虑了模型的复杂程度作为惩罚因子之后，模型对于监测数据具有更好的拟合效果，即对应的模型为更佳模型（Malve and Qian，2006）。在实践中，当 DIC 的差值大于 10 时，则认为相对 DIC 值较小的模型而言，监测数据对 DIC 值较大的模型没有任何支撑，即应该选择 DIC 值较小的模型作为最佳模型（Xia et al.，2016）。

3.2.3　响应关系的时间动态性

3.2.3.1　参数估计结果

本书给出的 4 个备选模型的参数估计结果见表 3.2。需要注意的是，表中的 τ 为表示精度的统计量，在 JAGS 软件中给出的是精度的后验分布，而非标准差。精度 τ 与标准差 σ 之间满足倒数关系，即 $\tau \times \sigma = 1$。从表中的 R_hat 统计量可知，对 NCP 或者 CP2 模型而言，全部参数均收敛，而对 CP1 模型和 CP3 模型而言均存在未收敛的参数。此外，模型的斜率还存在一个有趣的现象，即生态谬误。生态谬误是指总体水平的响应关系不能采用个体水平响应关系表示的现象，反之亦然（Hamil et al.，2016）。具体而言，在本案例中 NCP 模型将全部数据聚集起来得到的斜率要高于全部动态模型的所有斜率；相对动态模型而言，NCP 模型高估了全部时段的 TP 对 Chla 的效应，因而 NCP 模型不能作为动态模型的平均效应。

表 3.2　异龙湖 Chla-TP 模型参数的估计结果

模型	参数	均值	标准差	分位数/%					R_hat
				2.5	25	50	75	97.5	
NCP	a	1.434	0.067	1.304	1.389	1.434	1.478	1.566	1.001
	b	4.201	0.042	4.118	4.173	4.201	4.23	4.283	1.001
	τ	3.779	0.432	2.974	3.492	3.759	4.061	4.663	1.001

续表

模型	参数	均值	标准差	分位数/%					R_hat
				2.5	25	50	75	97.5	
CP1	a_1	1.187	0.142	0.926	1.1	1.179	1.265	1.513	1.016
	a_2	1.131	0.154	0.95	1.096	1.148	1.201	1.299	1.228
	b_1	3.717	0.113	3.52	3.649	3.712	3.774	3.955	1.047
	b_2	4.393	0.097	4.291	4.376	4.404	4.433	4.488	1.256
	p	57.98	9.534	55	56	57	57	60	1.314
	τ	5.575	0.634	4.38	5.142	5.551	5.988	6.848	1.001
CP2	a_1	1.153	0.134	0.861	1.071	1.163	1.246	1.39	1.001
	a_2	1.221	0.198	0.882	1.09	1.192	1.326	1.644	1.001
	a_3	0.239	0.167	−0.088	0.132	0.237	0.346	0.579	1.001
	b_1	3.687	0.102	3.457	3.627	3.693	3.757	3.867	1.001
	b_2	4.452	0.1	4.235	4.395	4.463	4.523	4.626	1.001
	b_3	3.796	0.106	3.588	3.726	3.794	3.864	4.005	1.001
	p_1	54.72	4.752	43	56	57	57	57	1.001
	p_2	120.6	1.502	119	120	121	121	124	1.021
	τ	6.895	0.808	5.415	6.343	6.863	7.426	8.6	1.001
CP3	a_1	1.049	16.289	−41.888	0.955	1.105	1.246	41.556	1.020
	a_2	1.133	11.413	−30.814	1.111	1.351	2.243	25.921	1.007
	a_3	0.88	12.047	−31.603	1.089	1.265	1.527	27.748	1.056
	a_4	0.242	2.203	−0.099	0.13	0.24	0.357	0.576	1.113
	b_1	2.058	16.668	−42.692	3.527	3.646	3.75	38.678	1.024
	b_2	3.672	12.029	−30.896	3.714	4.474	4.671	29.705	1.017
	b_3	3.531	12.631	−31.022	4.226	4.39	4.501	29.614	1.066
	b_4	3.802	1.35	3.583	3.726	3.8	3.876	4.029	1.113
	p_1	35.95	22.768	1	1	46	56	57	1.042
	p_2	72.60	23.326	43	57	71	73	122	1.071
	p_3	121.1	4.391	118	120	121	122	127	1.097
	τ	7.198	0.895	5.585	6.569	7.148	7.782	9.074	1.002

3.2.3.2　模型选择

在本案例中，采用 DIC 作为模型选择的依据。根据 JAGS 软件的输出结果（表 3.3），CP2 模型具有最小的 DIC 值，NCP 模型具有最大的 DIC 值。将其他 3 个模型的 DIC 值与 CP2 模型的 DIC 值作对比，可得对应的 ΔDIC，分别为 84.5、29.2、24.2，均大于 10。由此可知，与含有两个突变点的模型相比，监测数据对其他突变点个数的模型缺乏任何支撑,即应选择 CP2 模型作为模拟异龙湖 2004～ 2016 年 Chla-TP 响应关系的最佳模型。

表 3.3　异龙湖 Chla-TP 模型的 DIC 值和 ΔDIC 值

模型	DIC	ΔDIC
NCP	239.1	84.5
CP1	183.8	29.2
CP2	154.6	0
CP3	178.8	24.2

本书进一步分析了含有突变点的 3 个动态模型突变点的后验分布（图 3.5）。由于在参数估计时采用等概率离散分布作为先验分布,因而其后验分布也是离散的（若采用均匀分布作为先验分布,则后验分布也为连续的;显然,这不符合月份作为离散时刻的事实）。由各个模型突变点的后验分布可知,①对于只含有一个

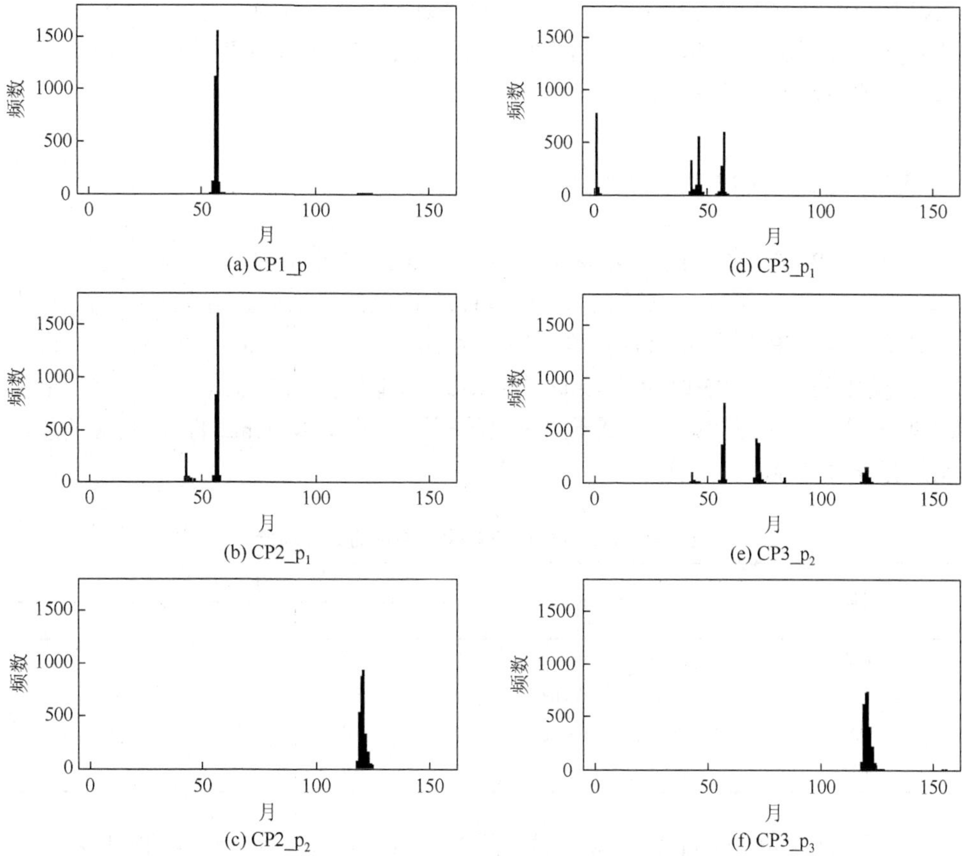

图 3.5　异龙湖 Chla-TP 动态模型突变点的分布

突变点的模型而言，突变点较为集中地分布在第 57 个月，但由于其在第 120 个月左右也存在分布，因而其标准差很大且平均值接近 58（表 3.2），因而可认为在第 57 个月具有一个突变点，同时也说明在第 120 个月左右具有一个可能的突变点。②对含有两个突变点的模型而言，第一个突变点集中在第 57 个月，同时在第 43 个月附近也有分布，说明第 57 个月可作为第一个突变点且第 43 个月应作为一个潜在的突变点；第二个突变点集中分布在第 121 个月左右，其标准差也很小（约为 1.5）。③对含有 3 个突变点的模型而言，前两个突变点的分布均不集中，且具有很大的标准差（分别为 22.7 和 23.3），无法得到稳定的突变点，说明该模型得到的突变点和响应关系不可靠。

以 DIC 值作为模型筛选的主要依据，综合模型参数收敛情况和突变点的后验分布，应选择 CP2 模型作为本案例的最佳模型。该模型对应的两个突变点发生在第 57 和第 121 个月附近，因而异龙湖 Chla-TP 响应关系的变化应在 2008 年 9 月和 2014 年 1 月（根据突变点模型的方程，求解得到的突变点应划归为后一个时段）。这恰与异龙湖发生稳态转换和干旱事件的时刻相符合，且模型选择的过程排除了还有其他突变点的可能，因而模型结果表明：生态养鱼和干旱事件均导致 Chla-TP 的响应关系发生了显著变化。

3.2.3.3 响应关系的时间动态性

根据 CP2 模型的结果，异龙湖在 2004~2016 年 Chla-TP 的响应关系可分为3 段（表 3.4）。计算可得各个时段 TP 和 Chla 浓度的平均值。由表可知，P2 为水质最差时段，TP 浓度和 Chla 浓度分别高达 142μg/L 和 155μg/L；P1 和 P3 时段的TP 浓度相差很小，P3 时段的 Chla 浓度却比 P1 时段高 17μg/L，表明尽管 P1 和P3 时段的水质相对较好（均低于全时段的平均水平），但 Chla-TP 的响应关系可能具有较大差异。

表 3.4 异龙湖 Chla-TP 响应关系的时段划分

时段	时间范围	平均值/(μg/L)	
		TP	Chla
全部	2004.01~2016.12	92	82
P1	2004.01~2008.08	57	25
P2	2008.09~2013.12	142	155
P3	2014.01~2016.12	59	42

不同时段的 Chla-TP 的响应关系见图 3.6。图 3.6（a）为进行数据变换后直接根据 CP2 模型结果得到的线性响应关系，值得注意的是，该图的横坐标为对数坐

标。如前所述，NCP 模型得到的统一关系高估了全部 3 个时段的 TP 的效应，因而采用静态模型不仅不能精确地描述 Chla-TP 的响应关系，而且不能正确地描述 Chla-TP 的响应关系，尤其是对 P3 时段而言，TP 对 Chla 的效应被严重高估。上述结果表明采用动态模型的合理性和必要性。

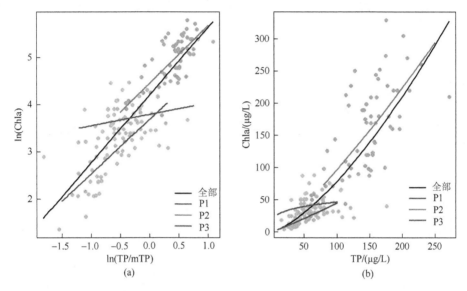

图 3.6　异龙湖不同时段 Chla-TP 的响应关系（见书后彩图）

对比 3 个时段的响应关系，可知 P1 和 P2 时段的 TP 效应（斜率）相差不大，其差别主要体现在截距上，即当 TP 浓度升高相同的百分比时，其对 Chla 浓度百分比的增加效应差距不大。P2 时段 Chla 浓度的"背景值"显著高于 P1 时段，即当 TP 浓度相同时，P2 时段存在其他有利于浮游植物生长的条件使得 Chla 浓度升高。P2 时段 Chla 浓度显著高于 P1 时段，包括两个方面的原因：一是 TP 浓度的升高；二是由于响应关系的变化，在 P2 时段相同浓度的 TP 对应的 Chla 浓度更高。与 P1 和 P2 时段对比，P3 时段的斜率很小，其 2.5%分位数甚至为负数，95%置信区间包含零，说明在 0.05 的显著性水平下，该斜率不显著。上述结果表明在 P3 时段，TP 浓度的变化对 Chla 的波动影响很小。尽管 P1 和 P2 时段 Chla 对 TP 的响应关系存在较大差异，但是削减湖泊 TP 浓度都对 Chla 浓度的降低具有重要作用；而在 P3 阶段，削减 TP 浓度对于 Chla 浓度的降低则效果甚微。

欲根据 Chla 浓度的目标值建立 TP 浓度的基准，需要将对数响应关系还原，直接建立 Chla-TP 的函数；由于在建立贝叶斯突变点模型时，对 Chla 浓度进行了对数变换，因而在还原响应关系时需要加入修正因子，其关系式应为

$$Chla = \exp\{a \times [\ln(TP) - \ln(mTP)] + b + \sigma^2 / 2\} \tag{3.14}$$

式中，$\exp(\sigma^2/2)$ 为修正因子。根据上式得到的 Chla-TP 的响应关系如图 3.6（b）所示。此时，只需给定 Chla 的目标值，即可得到 TP 的基准值。本书旨在说明响应关系动态性对营养盐基准的影响，因而不对 TP 基准的具体值进行求解。图 3.6 直观地表明 TP 基准的时间动态性特征：P2 时段对 TP 的要求最为严格，P1 时段次之，而在 P3 时段，TP 浓度的降低对 Chla 浓度的影响很小，此时建立 TP 的营养盐基准意义不大。

由于 P3 时段最能代表异龙湖 Chla-TP 响应关系的近期情况，为了能够为异龙湖富营养化防治提供有用的信息，本书进一步地探究了该 3 个不同时段 Chla 与 TN 之间的响应关系（图 3.7）。由图可知，3 个时段 Chla 与 TN 之间均有显著的对数线性关系（$p < 0.05$）。在 P3 时段，随着 TN 浓度的升高，Chla 浓度升高得很明显。

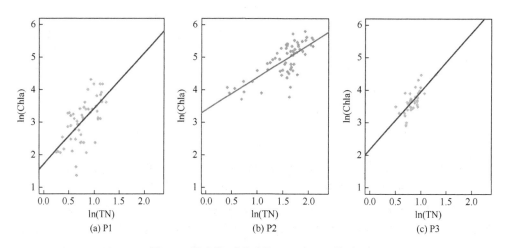

图 3.7 异龙湖不同时段 Chla 与 TN 关系

综上所述，在 2004～2016 年，异龙湖由于人为活动和气候变化的综合作用，湖泊系统发生了较大的变化，导致 Chla-TP 的关系发生了两次突变，TP 基准表现出了时间动态性特征。从 2014 年开始，TP 浓度的变化对 Chla 浓度的影响变得很小，欲快速有效地降低湖泊 Chla 浓度，应该考虑从降低 TN 浓度入手。

3.2.4 响应关系与状态变量突变点的关系

传统在研究系统稳态转换发生点时，状态变量的突变被认为具有重要的指示作用。例如，Rodionov 和 Overland（2005）采用基于序贯 t 检验的稳态转换指示研究了白令海生态系统中生物和非生物指标的时间序列特征，以这些状态变量的突变作为依据指出生态系统在 1989 年和 1998 年发生了两次稳态转换；Li 等（2015）在建立生态系统模型时采用基于 EDA 算法的突变点检验首先对状态变量进行了分段，然后在时间划分的基础上建立了动态模型。然而，也有研究指出由于生态系统相应的非线性特征，状态变量的显著变换不必与响应关系的显著变化同步（Andersen et al.，2009）。为了研究本案例响应关系的突变点与状态变量突变点之间的关系，本书分别建立了 TP 和 Chla 浓度的含有 1 个、2 个、3 个突变点的贝叶斯模型（附录）。

　　参数估计结果不再赘述，模型的 DIC 值见表 3.5。可知，无论是对 TP 还是 Chla 而言，CP3 模型对应的 DIC 值均为最小的，且 ΔDIC 均大于 10，说明监测数据对 CP3 模型具有强力的支撑，而不支持 CP1 模型和 CP2 模型。通过检验后验分布，发现 CP3 模型的各个参数均收敛，因而选择 CP3 模型作为最佳模型。

表 3.5　浓度突变点模型的 DIC 值和 ΔDIC 值

模型	TP		Chla	
	DIC	ΔDIC	DIC	ΔDIC
CP1	240.8	150.5	358.3	131.1
CP2	154.7	64.4	266.3	39.1
CP3	90.3	0	227.2	0

　　图 3.8 展示了 TP 和 Chla 浓度的 CP3 模型突变点的后验分布，由图可知，3 个突变点没有重合区域且具有较好的集中趋势：对 TP 模型而言，3 个突变点分别集中在第 20 个、第 67 个、第 119 个月份附近，即 2005 年 10 月、2009 年 7 月、2013 年 12 月；对 Chla 模型而言，3 个突变点分别集中在第 20 个、第 63 个、第 119 个月份附近，即 2005 年 10 月、2009 年 3 月、2013 年 12 月。当对响应关系的突变点进行识别时，仅有两个突变点，分别在第 57 个和第 120 个月份附近；可见状态变量的第一个突变点并未引起响应关系的突变，而是表现为 TP 和 Chla 浓度的同时升高。

　　对比两个相近的突变点，可知与稳态转换相关的突变中，响应关系的突变在浓度突变之前。传统上，湖泊由清水稳态向浊水稳态的转换被认为是由营养盐的持续输入或者由极端气候事件引起的。因而，在以往的研究中，异龙湖生态养鱼导致的内部释放及持续的营养盐外源负荷输入被认为是导致稳态转换的驱动因子（Li et al.，2015）。然而，本书的结果表明生态养鱼首先改变了生态系统的结构（如鱼苗大量捕食浮游动物），导致了 Chla-TP 响应关系的变换；其次，饵料的投放和鱼类的新陈代谢导致营养盐浓度升高，进一步使得 Chla 浓度升高，使得生态系统完成了稳态转换。状态变量的第 3 个突变点与响应关系的第 2 个突变点相差不大。

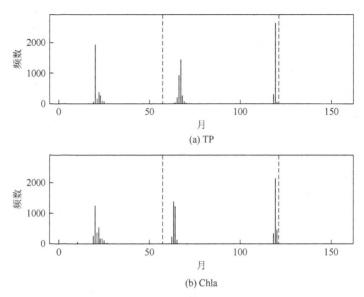

图 3.8　异龙湖 TP 和 Chla 浓度的突变点分布

　　本案例的研究结果表明，在研究生态系统稳态转换时，响应关系的突变不必与状态变量的突变相一致。该结果也证明了采用能够直接对响应关系的突变进行识别的统计学方法的必要性，显然贝叶斯突变点模型能够方便地处理多突变点问题，能够方便地进行模型筛选，是进行响应关系突变点识别的合理方法。此外，该研究结果也可为生态系统稳态转换识别研究的方法选择提供借鉴，在探究稳态转换点时，应该首先明确研究对象是响应关系还是状态变量，不同的研究对象可能对应截然不同的结果。

3.3　滇池营养盐基准的季节动态性研究

3.3.1　案例研究地简介

　　自 20 世纪 80 年代以来，湖泊富营养化问题就成为困扰滇池水质的主要问题。在长时间尺度上，P 元素被认为是滇池浮游藻类生长的控制元素（Cao et al.，2016）。基于滇池积累的大量监测数据，根据 3.1 节提出的动态性识别方法，本节探究了滇池外海 TP 基准的季节性动态特征。

　　与第 2 章使用的数据来源一致，本节收集了滇池外海 3 个站点的 TP 和 Chla 浓度数据，用于建立 Chla-TP 的响应关系。由于 Chla 缺乏 1998 年的监测数据，因而使用的数据跨度为 1999～2017 年，监测频次为每月一次，共有 $3 \times 5 \times 19 = 285$ 组监测数据，每个月份对应 57 组监测数据。由于藻类的生长季节一般集中在 6～10 月，且滇池在这 5 个月的 Chla 浓度较高，因而选择 6～10 月作为滇池的藻类生长季节，分析 Chla-TP 的响应关系是否存在季节性的动态特征：如果不同的月份对应的 Chla-TP

的响应关系具有较大的差异，则给定相同的 Chla 目标值时，各个月份对应的 TP 基准即具有季节动态性特征。图 3.9 是水温、TP 和 Chla 浓度在不同月份的分布图，可知水温的季节性差异较大，而 TP 和 Chla 浓度的季节性差异较小（对数坐标）。

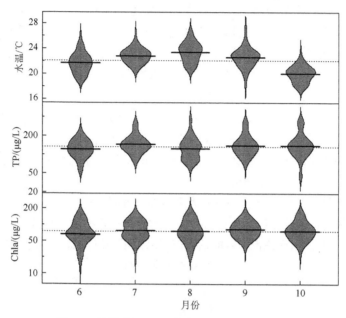

图 3.9　滇池水温、TP 和 Chla 浓度的季节分布

3.3.2　备选模型

根据 3.1 节提出的基于模型选择的响应关系动态性识别方法，首先应设定动态参数。本案例的动态参数设定比较直观，由于藻类生长季节的各个月份的水温存在差异（图 3.9），可能导致 Chla-TP 响应关系具有季节性动态特征。因而，本案例选择月份作为可能会影响响应关系动态性的因子变量。

然后需要建立备选模型。假设月份不会对 Chla-TP 的响应关系产生影响，即 Chla-TP 的响应关系不存在季节性动态变化。此时，可将全部监测数据不加区分地聚集在一起，用于建立统一的响应关系，该模型被称为数据全部聚集（complete-pooling of data，CPM）模型，其方程为

$$y_i = ax_i + b + \varepsilon_i \tag{3.15}$$

$$\varepsilon_i \sim N(0, \sigma^2) \tag{3.16}$$

式中，i 为监测数据的序号，$i = 1, 2, \cdots, 285$；y 为自然对数变换后的 Chla 浓度；x 为进行对数变换和中心化的 TP 浓度，即对 TP 进行自然对数变换后，再减去 TP 平均值（用 mTP 表示）的自然对数值，即 $x_i = \ln(\text{TP}) - \ln(\text{mTP}) = \ln(\text{TP/mTP})$；$a$ 为

斜率，其含义为 TP 浓度每增加 1%，Chla 浓度增加的百分比；b 为截距，表示 TP 浓度为平均值时 Chla 浓度的对数值；ε_i 为残差，服从均值为 0、方差为 σ^2 的正态分布。

假设 Chla-TP 的响应关系具有季节性动态特征，则可建立动态模型。根据数据聚集的方式，有两种思路可用于建立动态模型：一种是对监测数据不进行任何聚集，而直接采用各个月份的监测数据建立各自的响应关系并进行参数估计，该模型被称为无数据聚集模型，其方程为

$$y_{kl} = a_k x_{kl} + b_k + \varepsilon_{kl} \qquad (3.17)$$

$$\varepsilon_{kl} \sim N(0, \sigma^2) \qquad (3.18)$$

式中，k 为月份标识，$k = 1, 2, \cdots, 5$，分别表示 6～10 月；l 为特定月份的监测数据序号，$l = 1, 2, \cdots, 57$；y_{kl} 和 x_{kl} 为变换后的 Chla 浓度和 TP 浓度；a_k 和 b_k 分别为第 k 个月的斜率和截距，其差异即体现了响应关系的季节性动态特征；ε_{kl} 为残差，服从均值为 0、方差为 σ^2 的正态分布。

建立季节性模型的另外一种思路为采用部分数据聚集的策略进行参数估计，即贝叶斯层次模型，该模型除了使用各个月份的数据进行参数估计外，还从其他月份的数据中"借力"，从而使得参数的估计值向总体平均值收缩。该模型的方程为

$$y_{kl} = a_k x_{kl} + b_k + \varepsilon_{kl} \qquad (3.19)$$

$$a_k \sim N(\alpha, \sigma_a^2) \qquad (3.20)$$

$$b_k \sim N(\beta, \sigma_b^2) \qquad (3.21)$$

$$\varepsilon_{kl} \sim N(0, \sigma^2) \qquad (3.22)$$

与 NPM 相比，贝叶斯层次模型不同月份的斜率和截距满足相同的先验分布：斜率满足均值为 α、标准差为 σ_a 的正态分布；截距满足均值为 β、标准差为 σ_b 的正态分布。该约束条件使得不同月份的斜率或者截距之间可借力，在进行参数估计时还需对斜率和截距的总体均值和方差进行估计。

本案例采用的 3 个备选模型总结见表 3.6。本节采用贝叶斯方法对上述 3 个模型进行参数估计。相对于 WinBUGS 软件或者 JAGS 软件而言，最近开发出的 STAN 软件通过汉密尔顿蒙特卡罗（Hamiltonian Monte Carlo，HMC）抽样，可更为快捷地实现贝叶斯层次模型的参数估计（Monnahan et al.，2017）。因而，本案例采用 STAN 软件进行参数估计，该软件已内嵌在 R 软件的 rstan 软件包中，可通过 rstan 软件包直接对模型进行参数估计。对每个模型设定 4 条链，每条链迭代 200000 次，前

表 3.6　滇池 Chla-TP 关系的备选模型

模型	数据聚集	假设
CPM	完全聚集	响应关系不存在季节性动态
BHM	部分聚集	响应关系存在季节性动态，且各个月份之间有联系
NPM	不聚集	响应关系存在季节性动态，且各个月份之间没有联系

100000 次迭代用于预热，后 100000 次迭代用于获得参数的后验分布。模型中待估参数的先验分布全部采用 STAN 软件中的默认无信息先验分布。采用 R_hat 统计量判定链的收敛情况，当 R_hat＜1.1 时可判定为链已收敛（Arhonditsis et al.，2007）。为了能够计算 LooIC 值，还需要在模型中设置一个新变量，用于表示模型的似然函数。

　　本案例采用 LooIC 作为贝叶斯模型评价的准则。在计算 DIC 值时，采用的是参数的点估计值，因而其并非是一个完全贝叶斯统计量；WAIC 和 LooIC 则是基于变量的后验分布的统计量，是完全贝叶斯统计量，因而更加适用于贝叶斯模型的评价（Vehtari et al.，2017）。研究表明，WAIC 为 LooIC 在低空间的近似，且在一些情况下 WAIC 值会有较大的偏差（Vehtari et al.，2016）。LooIC 可通过在模型中设置似然函数统计量，然后根据下面的公式计算得出：

$$\text{LooIC} = -2\text{elpd} \tag{3.23}$$

$$\text{elpd} = \sum_{i=1}^{n} \ln[p(y_i \mid y_{-i})] \tag{3.24}$$

$$p(y_i \mid y_{-i}) = \int p(y_i \mid \theta) p(\theta \mid y_{-i}) \mathrm{d}\theta \tag{3.25}$$

式中，elpd 为期望对数逐点预测密度；$p(y_i \mid y_{-i})$ 为特定点 i 的期望密度函数，即首先根据不含该点的监测数据进行参数估计，然后根据参数估计结果得到该点的预测值。LooIC 通过交叉验证的方式来避免选择过拟合的模型。

　　通过上述方程得到的 LooIC，具有与 AIC 和 DIC 类似的含义，较小的 LooIC 值对应的模型对监测数据具有更好的拟合效果。为了更好地筛选模型，需要计算两个模型之间 LooIC 的差值，两个模型 LooIC 值之间的微小差异并不能为模型选择提供充足的信息，因而还需要计算 LooIC 差值的标准差。LooIC 值的差值通常应大于标准差的倍数，才能为选择较优模型提供判据。本书选择 2 倍标准差作为阈值，即当 LooIC 值的差值大于 2 倍标准差时，方可认为 LooIC 值较小的模型更佳；否则无法判断哪个模型最佳，此时应选择模型结构更为简单的模型作为最佳模型（Coblentz et al.，2017）。LooIC 值的差值及其标准差可根据下面公式计算（Vehtari et al.，2017）：

$$\Delta\text{LooIC} = -2(\text{elpd}^A - \text{elpd}^B) \tag{3.26}$$

$$\text{SE} = \sqrt{nV_{i=1}^{n}(\text{elpd}_i^A - \text{elpd}_i^B)} \tag{3.27}$$

式中，n 为样本容量；V 为后验方差；elpd_i^A 和 elpd_i^B 为进行对比的两个模型的期望对数点预测密度（expected log pointwise predictive density）。

3.3.3　响应关系的季节动态性

3.3.3.1　参数估计结果

　　上述 3 个模型的参数估计结果见表 3.7（响应变量的每个监测点对应的似然函

数也作为随机变量产生，限于篇幅而未列出）。与 WinBUGS 软件或者 RJAGS 软件不同，STAN 软件能够直接对参数的标准差进行估计，而不需要转换为精度，因而可直接得到标准差（σ）的后验分布。从 R_hat 来看，全部待估计参数的 R_hat 都接近于 1，表明 HMC 链都具有很好的收敛性。斜率为正值，且其 95%置信区间（2.5%～97.5%分位数）均大于零，可认为斜率均显著大于零，表明滇池外海 TP 浓度的升高对 Chla 浓度的波动具有显著的影响。对比 CPM 的斜率（a）或截距（b）和 BHM 的平均斜率（α）或平均截距（β），可知二者差异甚微。然而，却不能认为 BHM 中的平均斜率或平均截距等同于 CPM 中的斜率和截距，二者具有截然不同的含义：CPM 中的斜率或截距是采用全部数据进行参数估计后得到的，而 BHM 中的平均斜率或平均截距则是各个子模型参数的平均值。二者的数值也不必相同，尤其是当发生生态谬误现象时，例如，当总体斜率高估了全部子模型斜率时，子模型斜率的平均值必然低于总体斜率（Hamil et al.，2016）。因而，本案例中 CPM 和 BHM 呈现的极小差异，不应被视为一种必然的规律。从参数的标准差来看，截距和残差标准差的波动性相对其均值而言都很小。BHM 和 NPM 的斜率均具有较大的标准差，而 CPM 斜率的标准差较小，且存在 CPM<BHM<NPM 的规律。

表 3.7　滇池 Chla-TP 模型参数估计结果

模型	参数	平均值	标准差	分位数/%					R_hat
				2.5	25	50	75	97.5	
CPM	b	4.28	0.03	4.23	4.26	4.28	4.3	4.34	1
	a	0.40	0.06	0.28	0.36	0.40	0.43	0.51	1
	σ	0.43	0.02	0.40	0.42	0.43	0.44	0.47	1
BHM	b_1	4.27	0.05	4.17	4.24	4.27	4.30	4.35	1
	b_2	4.28	0.04	4.2	4.26	4.28	4.31	4.36	1
	b_3	4.29	0.04	4.21	4.27	4.29	4.32	4.38	1
	b_4	4.31	0.04	4.23	4.28	4.30	4.33	4.41	1
	b_5	4.28	0.04	4.20	4.26	4.29	4.31	4.36	1
	a_1	0.54	0.14	0.32	0.44	0.53	0.63	0.83	1
	a_2	0.39	0.11	0.15	0.32	0.39	0.46	0.61	1
	a_3	0.37	0.10	0.17	0.31	0.37	0.43	0.55	1
	a_4	0.34	0.11	0.11	0.28	0.35	0.42	0.54	1
	a_5	0.36	0.09	0.17	0.30	0.36	0.42	0.53	1
	β	4.29	0.04	4.21	4.26	4.29	4.31	4.37	1
	α	0.40	0.13	0.17	0.34	0.40	0.46	0.64	1
	σ	0.43	0.02	0.39	0.42	0.43	0.44	0.47	1
	σ_b	0.05	0.06	0.00	0.02	0.04	0.07	0.19	1
	σ_a	0.18	0.18	0.02	0.08	0.14	0.23	0.61	1

模型	参数	平均值	标准差	分位数/%					R_hat
				2.5	25	50	75	97.5	
	b_1	4.27	0.07	4.14	4.22	4.27	4.31	4.40	1
	b_2	4.27	0.06	4.16	4.23	4.27	4.31	4.39	1
	b_3	4.30	0.06	4.17	4.26	4.30	4.34	4.43	1
	b_4	4.34	0.06	4.23	4.30	4.34	4.38	4.46	1
	b_5	4.28	0.06	4.16	4.24	4.28	4.32	4.39	1
NPM	a_1	0.67	0.15	0.38	0.57	0.67	0.77	0.96	1
	a_2	0.37	0.16	0.06	0.26	0.37	0.47	0.67	1
	a_3	0.35	0.13	0.10	0.26	0.35	0.43	0.59	1
	a_4	0.30	0.13	0.04	0.21	0.30	0.39	0.56	1
	a_5	0.33	0.11	0.12	0.26	0.33	0.40	0.54	1
	σ	0.43	0.02	0.39	0.42	0.43	0.44	0.47	1

3.3.3.2　模型选择

本案例中建立的 3 个备选模型的 LooIC 值见表 3.8。由表可知，CPM 具有最小的 LooIC 值，而 NPM 具有最大的 LooIC 值，BHM 的 LooIC 值居于二者之间，表明 CPM 有可能被筛选为模拟滇池外海藻类生长阶段 Chla-TP 响应关系的最佳模型。

表 3.8　滇池 Chla-TP 模型的 LooIC 值

模型	LooIC 值	标准差
CPM	314.4	26.1
BHM	317.6	25.3
NPM	323.7	25.2

对 CPM、BHM 和 NPM 3 个模型 LooIC 值之间的差异进行比较，CPM 与其他两个模型的差异均为负值（表 3.9），但是该差异均小于 2 倍标准差（图 3.10），表明根据 LooIC 值不能给出支持 CPM 的强力证据；BHM 与 NPM 的 LooIC 差值也为负值，且其差值大于 2 倍标准差，表明与采用 NPM 相比，BHM 对于数据具有更好的拟合效果。值得注意的是，模型之间的 ΔLooIC 与响应模型 LooIC 平均值（表 3.8）之间的差异并不相等，这是由于在计算时需要点对点地进行计算，而非直接相减。这也表明根据式（3.26）计算 ΔLooIC 的必要性。

表 3.9　滇池 Chla-TP 模型的 LooIC 差值

模型比较	ΔLooIC	标准差
CPM-BHM	−1.6	2.0
CPM-NPM	−4.7	3.3
BHM-NPM	−3.0	1.4

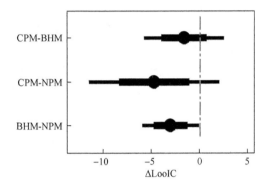

图 3.10　滇池 Chla-TP 模型 ΔLooIC 的分布

根据 LooIC 的结果，不能判定出最佳模型，此时需要结合模型的复杂程度进行分析。与 BHM 和 NPM 相比，CPM 具有最简单的模型结构。当模型的效果相差不大时，应当选择模型结构最简单的模型作为最佳模型（Coblentz et al.，2017）。因此，在本案例中应选择 CPM 作为模拟滇池外海藻类生长期 Chla-TP 响应关系的最佳模型。

3.3.3.3　响应关系的季节动态性

根据各个模型对应的假设，监测数据不能为 Chla-TP 存在季节性动态响应关系提供有力的支撑，而支持 CPM 对应的不存在季节性动态响应关系的假设。从 3 个模型对各个月份 Chla 监测数据的拟合效果来看，其差别主要集中在 6 月，9 月也略有差异，在 7 月、8 月和 10 月 3 种模型对应的响应关系差异很小（图 3.11）。

对 NPM 而言，不仅各个月份的斜率具有较大差异，斜率的标准差也较大，表明 NPM 对数据的拟合效果并不理想。尽管 BHM 斜率的标准差有所降低，但是仍然高于 CPM 斜率的标准差。为了定量地衡量不同模型对各个月份 Chla 监测数据的拟合效果，本书分别计算出 3 种模型在不同月份对应的均方根误差（root mean squared error，RMSE）和 R^2。RMSE 越小，R^2 越大，表明对监测数据的拟合效果越好。RMSE 的计算公式为

$$RMSE = \sqrt{\frac{1}{n}\sum_{i=1}^{n}(y_i - \hat{y}_i)^2} \tag{3.28}$$

R^2 的计算公式为

$$R^2 = 1 - \frac{\sum_{i=1}^{n}(y_i - \hat{y}_i)^2}{\sum_{i=1}^{n}(y_i - \overline{y})^2} \tag{3.29}$$

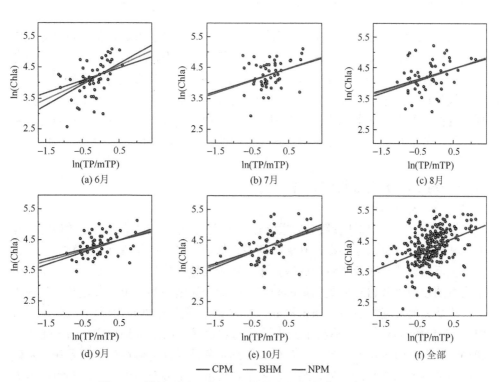

图 3.11　滇池不同月份 Chla-TP 的响应关系（见书后彩图）

对 RMSE 而言，各个月份均存在 CPM＞BHM＞NPM 的规律；对 R^2 而言，在各个月份均存在 CPM＜BHM＜NPM 的规律（表 3.10），表明考虑响应关系的季节性动态，在模型中增加动态参数，的确可提高模型的拟合效果。但是，需要注意的是，RMSE 和 R^2 均为基于点估计值得到的统计量，因而无法衡量增加动态参数导致斜率估计精确性降低对拟合效果的影响，也无法鉴别这种拟合效果的提高是否是一种过拟合现象。LooIC 则基于预测值的后验分布，是一种完全贝叶斯统计量，可通过交叉验证的方法避免选择过拟合的模型（Vehtari et al.，2017）。

表 3.10　滇池不同月份 Chla-TP 模型的 RMSE 和 R^2

统计量	模型	月份				
		6	7	8	9	10
RMSE	CPM	0.489	0.415	0.477	0.346	0.389
	BHM	0.476	0.415	0.475	0.344	0.388
	NPM	0.472	0.414	0.475	0.336	0.387
R^2	CPM	0.179	0.101	0.100	0.082	0.165
	BHM	0.224	0.101	0.105	0.093	0.167
	NPM	0.236	0.102	0.107	0.132	0.173

因而, 尽管 RMSE 和 R^2 的结果显示在模型中增加动态参数可使得拟合效果变好, 但这种拟合效果的变好是以参数估计精确度降低为代价的。尽管 BHM 可通过借力提高模型的估计精度, 但 LooIC 的结果显示, 任何形式的动态模型均不会导致模型拟合效果在剔除了过拟合的可能时有任何提高。这也表明在进行模型选择时选择信息准则而非拟合优度准则评价模型的必要性, 通过视觉上对响应关系的点估计值进行判断（缺乏对参数置信区间的表征）是不可靠的。

3.3.4　对 BHM 适应性的讨论

BHM 是一类待估计参数具有层次结构的模型, 即不同子模型的参数满足同样的未知分布, 该分布需要根据观测数据进行估计。对任何子模型的参数而言, 其估计值不仅取决于子模型对应的数据集, 还受其他子模型参数的影响。由于其他子模型的参数受各自对应数据集的影响, 因而子模型的参数也受其他数据集的影响, 即从其他数据中借力（Qian et al., 2009）。区别于数据的完全聚集或不聚集, BHM 在参数估计中的上述特征, 也被称为对数据的部分聚集策略（Cha et al., 2016b）。该估值方法使得参数估计值并不满足最佳线性无偏估计, 而是在此基础上向该类参数的总平均值处收缩。其收缩幅度取决于参数的组内方差和组间方差的相对大小：当组内方差相对于组间方差较大时, 人们对分组后参数的合理性应持较小的可信度, 因而应更多地向总平均值处收缩；而当组内方差相对于组间方差较小时, 人们对分组后参数之间存在较大差异的可信度较高, 向总平均值的收缩应较小（Qian et al., 2015a）。

BHM 具有灵活的模型结构。理论研究表明, 采用 BHM 进行参数估计具有更低的贝叶斯风险, 可提高参数估计的准确性, 降低预测的不确定性（Qian et al., 2015a）；近年来, 更多的算法和软件的提出使得 BHM 可方便快捷地实现参数估计和模型评估（Monnahan et al., 2017）。BHM 的上述优势和进步使得其在环境和生态学领域有着广泛的应用（Qian et al., 2010）。例如，Suzuki 等（2009）采用 BHM 研究了森林结构（物种变异性）随着时间的变化情况；Behm 等（2013）的研究表明，BHM 在生态学实验数据的分析中具有结构灵活和能够处理不确定性等优势；Qian 等（2015a）研究了实验室中藻毒素测量计算公式可能带来的误差，指出采用 BHM 可有效地提高预测精度。

　　BHM 可方便地用于建立动态模型，而 BHM 的广泛应用使得有些研究不加区分地直接采用 BHM 建立动态模型，而缺乏对是否应采用动态模型模拟观测数据的判别。由此可能导致响应关系的动态被过分强调和错误识别。此外，也有一些研究对建立动态模型时是否应该采用数据部分聚集策略提出质疑。由于 BHM 使用的前提是参数之间具有可交换性，而该假设往往被忽略，导致参数的过度交换（Neuenschwander et al., 2015）。例如，梁中耀等（2017）采用 BHM 研究滇池外海 TN 超标率的波动性时，发现超标率在年份间并不具备可交换性。

　　当前，对是否应该使用动态模型及是否应该采用参数的可交换假设建立 BHM 模型来模拟动态响应关系的探讨尚不多见。本书认为，模型的选择应该基于观测数据，通过建立多个模型，获得合理的模型评价准则，依靠模型选择来决定，实际上是一种数据驱动的模型结构选择过程。显然，本章提出的基于模型选择的响应关系动态性识别方法可很好地适用于上述思路。

　　根据本案例的建模过程，对具有层次结构的观测数据而言，可建立 3 种不同的模型，即 CPM、BHM 和 NPM。理论上，参数可能存在 3 种进化形式，最佳模型可能是上述 3 种模型的任意一种（图 3.12）。第一种进化形式为 NPM→BHM→CPM，表示响应关系的异质性很小，单独采用未聚集的数据得到的响应关系对观测数据的拟合效果不佳的情况；第二种进化形式为 NPM→BHM←CPM，表示响应关系存在显著的异质性，但是不同个体的响应关系之间存在密切联系的情况（大部分研究不加验证地选择这种进化形式）；第三种进化形式为 NPM←BHM←CPM，表示

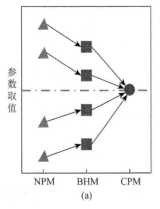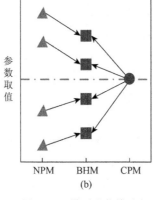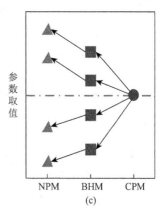

图 3.12　模型进化模式

响应关系具有明显的异质性，且个体模型对观测数据的拟合效果很好，个体响应关系之间的联系很小的情况。显然，根据经验区分上述 3 种情况进而决定采用哪种模型形式是十分困难且不可靠的，模型形式的选择不应是主观判定的过程。

根据本章 3.1 节提出的模型选择方法，即可解决上述问题，为模型选择提供科学合理的依据。尽管目前 BHM 在环境和生态学领域有着极为广泛的应用，但是本案例中对滇池外海 Chla-TP 的季节性响应关系的研究表明，CPM 为最佳选择，BHM 中纳入动态参数没有对模拟的拟合效果有任何提高，表明响应关系不具有季节性动态特征。显然，基于模型选择的响应关系动态性识别方法可有效地避免过拟合现象和盲目使用先进的统计学方法导致的对响应关系动态性的过度信任。

3.4 营养盐基准的空间动态性研究

3.4.1 案例研究地简介

营养盐基准的空间动态性决定了营养盐基准的合理空间尺度。本书以生态分区作为数据聚集的边界，研究生态分区内不同湖泊 Chla-TP 响应关系的空间动态性。由于我国目前尚缺乏公开的长时间尺度的湖泊监测数据，基于数据的可得性，本书选择美国东北部湖区作为案例研究地，数据来源于 Soranno 等（2017）。根据自然地理特征，美国东北部湖区被分成了 94 个生态分区（Soranno et al.，2017）。为保证结果的可靠性，对分布在这 94 个生态分区中的湖泊进行了严格的数据筛选，步骤见表 3.11。

表 3.11 美国东北部湖区案例的数据筛选过程

步骤	条件	筛选依据/目的
1	月份：7 月和 8 月	浮游藻类最快生长季节
2	平均 Chla 浓度>20μg/L	富营养化湖泊
3	监测时段>10 年	得到可靠的响应关系
4	样本容量>15	得到可靠的响应关系
5	对数相关系数：显著正相关（$p<0.05$）	得到可靠的响应关系
6	符合上述要求的湖泊个数>5	足够多的湖泊用于聚类

由于浮游藻类在 7 月和 8 月具有最大的生长速率（Oliver et al.，2017），因而仅选择这两个月份的数据进行分析；将研究对象限制在富营养化湖泊，以平均 Chla 浓度>20μg/L 作为富营养化湖泊的筛选依据（Bachmann et al.，2012a）。为了得到可靠的响应关系，选择监测时段超过 10 年、样本容量大于 15 的湖泊；TP 对 Chla

的限制性是根据 Chla 目标值建立 TP 基准的基础（Dodds and Welch，2000），因而在求得各个湖泊 Chla-TP 的对数相关系数之后，对相关系数进行显著性检验（Kim，2015），选择在 0.05 的显著性水平下 Chla-TP 具有显著正相关关系的湖泊。在 94 个生态分区中，选择湖泊个数超过 5 的生态分区，以保证有足够多的湖泊用于空间聚类分析。最后，共有 4 个生态分区入选，分布在美国的密苏里州和威斯康星州（图 3.13）。4 个生态分区的编号分别为 5、10、44、68，湖泊个数分别为 8 个、6 个、7 个、13 个。

3.4.2　基于响应关系的聚类方法

在对 Chla-TP 响应关系的空间动态性进行识别时，可采取与季节性动态特征识别相同的方法，建立区域性模型和个体模型，然后进行模型评估和对比，筛选出最佳模型，最终判定生态分区内 Chla-TP 响应关系的空间动态性。然而，当湖泊个数较多时，不同湖泊之间的响应关系可能存在如下 3 种情况：①Chla-TP 响应关系不存在空间异质性，全部湖泊均可用同样的响应关系表示，此时只需收集区域内湖泊的监测数据，不加区分地建立区域性响应关系，即可推导出适用于区域内全部湖泊的营养盐基准；②Chla-TP 响应关系存在很强的空间异质性，且不同湖泊之间的响应关系差异很大，不存在任何具有类似响应关系的湖泊，此时需要收集各个湖泊的监测数据，建立专一性的响应关系，推导出适用于各个湖泊的营养盐基准；③Chla-TP 响应关系具有一定的空间异质性，不能用统一的区域性响应关系表达，但某些湖泊响应关系之间存在一定的相似性，可用同样的响应关系表达，此时需要首先确定湖泊响应关系分类的边界，然后才能建立响应关系和推导营养盐基准。

上述 3 种情况对应着营养盐基准的 3 种空间尺度，分别为生态分区尺度、湖泊个体尺度和次生态分区尺度。显然，对 Chla-TP 响应关系空间动态性的探究应能为确定合理的空间尺度提供有用的信息。因而，根据本章 3.1 节提出的基于模型选择的响应关系动态性识别方法，应分析生态分区内湖泊的各种可能的组合。当湖泊个数为 P 时，湖泊可分成的类别个数为 1 和 P 之间的任何整数。若要穷举全部类别个数下的全部组合，湖泊组合的个数应为湖泊个数 P 的贝尔数（B_P，Bell number）（Klazar，2003），其递推公式为

$$B_{P+1} = \sum_{q=0}^{P} C_P^q B_q \tag{3.30}$$

式中，$B_0 = B_1 = 1$。贝尔数随着 P 的增加而急剧增加，例如，当 $P = 6$ 时，$B_6 = 203$，即当生态分区内湖泊个数为 203 时，需要建立 203 个备选模型；而当 $P = 10$ 时，

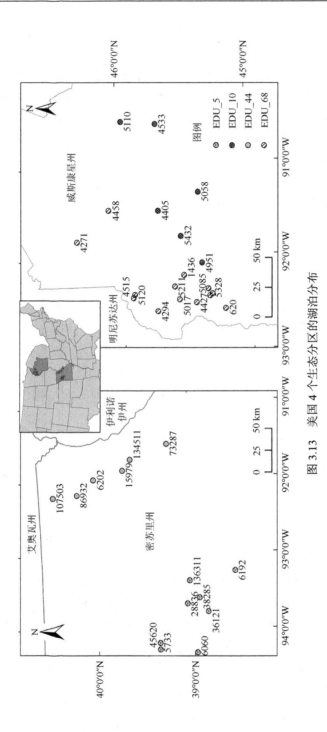

图 3.13　美国 4 个生态分区的湖泊分布

$B_{10} = 115975$，需建立多达 115975 个备选模型。显然，穷举全部可能组合面临着巨大的计算负担。

为了能够识别营养盐基准的合理空间尺度，同时克服生态分区内湖泊组合过多带来的计算瓶颈，本书提出一种基于响应关系的聚类方法，该方法首先建立各个湖泊 Chla-TP 的个体响应关系，然后通过响应关系映射将响应关系转化为响应变量的有序输出，根据响应变量的输出值进行系统聚类，实现对响应关系的聚类。根据聚类结果，可得到类别个数分别为 1～P 时对应的最佳湖泊组合，进一步地建立各个最佳湖泊组合对应的响应关系模型，根据信息准则对这些模型进行筛选，即可得到模拟生态分区内观测数据的最佳模型，该模型对应的湖泊组合即为最佳聚类结果，对应的湖泊类别个数即为最佳类别个数。该方法属于直接根据响应关系的相似性进行聚类，实现响应关系模式识别的首个方法，可预见在未来数据数量急速增加的时代，该方法对于识别响应关系模式具有很大的应用前景。

该方法对响应关系的聚类结果，能够为营养盐基准空间尺度的识别提供重要支撑。当最佳类别个数为 1 时，表明生态分区内全部湖泊 Chla-TP 的响应关系可聚集在同一个类别中，区域性的响应关系和区域性的营养盐基准适用于生态分区内的全部湖泊，此时营养盐基准的空间尺度应为生态分区尺度；当最佳类别个数为湖泊个数 P 时，表明生态分区内各个湖泊 Chla-TP 的响应关系不存在任何相似性，区域性的营养盐基准会误导单个湖泊的富营养化防控，应对每个湖泊建立专一性的营养盐基准，此时营养盐基准的空间尺度应为湖泊个体尺度；当最佳类别个数大于 1 且小于湖泊个数 P 时，表明各个湖泊 Chla-TP 的响应关系存在一定的相似性，虽然不存在适用于全部湖泊的区域性响应关系，但某些湖泊可用同样的响应关系表达，此时营养盐基准的空间尺度应为次生态分区尺度。

结合美国东北部湖区 Chla-TP 的响应关系空间动态性识别这一案例，本书提出的基于响应关系的聚类方法包括 6 个步骤（图 3.14）。首先是数据的准备工作，包括数据筛选和数据变换，这些建模前的准备工作对于获得可靠的响应关系非常重要。本案例选择贝叶斯线性模型（Bayesian linear model，BLM）建立各个湖泊或者类别之间的响应关系，并采用 LooIC 进行模型评估和判别。在获得湖泊个体响应关系之后进行的响应关系映射是该方法的核心步骤，该步骤是下一步进行层次聚类的基础，是该方法能够对响应关系进行分类的关键。由于数据准备工作已在前文详细阐述，BLM 同时应用在第 2 步和第 5 步中，因而下面将从响应关系映射、层次聚类、类别响应关系的建立和最佳模型选择 4 个方面对该方法进行详细的阐述。

3.4.2.1　响应关系映射

本书定义响应关系映射为根据给定预测变量的一系列输入值得到的响应变量

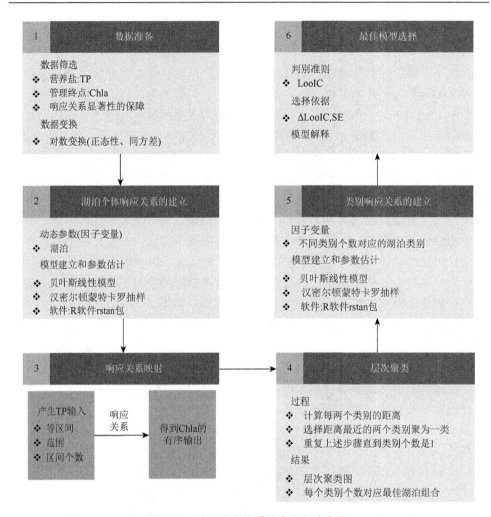

图 3.14　基于响应关系的聚类方法步骤

有序输出值来表征响应关系的过程，该过程将多维空间的响应关系转化为一维的响应变量有序序列。响应关系的映射需要通过如下两个步骤进行：①输入变量的产生，需要考虑输入变量的区间划分方式、取值范围和区间个数。在本案例中，即确定一系列的 TP 输入值，并将其输入响应关系中，得到 Chla 的输出值。采用等区间法划分 TP 浓度；选择 5 个不同的 TP 浓度取值范围，分别为各个生态分区内全部 TP 观测数据的 5%～95%、10%～90%、15%～85%、20%～80%、25%～75%分位数对应的区间；选择 7 种不同的区间个数，分别为 200、500、1000、2000、5000、10000、20000。通过上述划分，可得到 35 种不同的 TP 输入值，通过对比这些输入值对层次聚类结果的影响，可验证该方法对输入序列的稳健性。②获得输出序列（图 3.15）。在进行相应关系映射之前，已经获得了各个湖泊的响应关系，此时只需将 TP 输入值分别输入各个湖泊的响应关系 [式 (3.31)]，即可获得各个湖泊 Chla 的有序输出序列。

$$\hat{z}_{ik} = f_{\hat{\theta}_i}(x_k) \tag{3.31}$$

式中，x_k 为第 k 个 TP 输入数据，可根据需要进行数据变换；z_{ik} 为根据第 i 个湖泊的响应关系得到的与 x_k 对应的 Chla 浓度输出值；$f_{\hat{\theta}_i}(\cdot)$ 为第 i 个湖泊的响应关系；θ_i 为对应的参数集。显然，响应关系的映射需要定量的响应关系形式，但是对特定的模型形式没有要求。

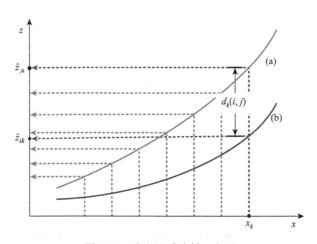

图 3.15　响应关系映射示意图

在进行响应关系映射之后，不同湖泊 Chla-TP 的响应关系即转化为有序的 Chla 序列，这种空间降维有利于进行层次聚类分析。需要特别强调的是，Chla 输出序列的有序性，Chla 序列中的相同的序号标志了来自于同样的 TP 输入，在进行层次聚类时应一一对应。

3.4.2.2　层次聚类

层次聚类为根据响应变量输入序列对湖泊进行逐次聚类的过程，每进行一次聚类有两个类别被聚到一个新的类别中，总的类别个数减少一次；由于下一次聚类是在上一次聚类状态的基础上进行的，因而聚类结果具有层次结构。该方法以两个类别的相对距离作为聚类依据，对应于特定 TP 输入 x_k 的两个类别的相对距离为

$$d_k(i,j) = \frac{2\left|\hat{z}_{ik} - \hat{z}_{jk}\right|}{\hat{z}_{ik} + \hat{z}_{jk}} \tag{3.32}$$

式中，$\hat{z}_{ik}$ 和 $\hat{z}_{jk}$ 分别为第 i 个湖泊和第 j 个湖泊的第 k 个 Chla 输入值。赋予每个输入值相同的权重，两个湖泊之间的平均距离可表述为

$$D(i,j) = \frac{\sum\limits_{k=1}^{K+1} d_k(i,j)}{K+1} \qquad (3.33)$$

式中，K 为区间个数。在第一次聚类之后，有些类别里面可能含有多个湖泊，此时两个类别之间的平均距离为

$$S(p,q) = \frac{2\sum\limits_{i=1}^{T-1}\sum\limits_{j=i+1}^{T} D(i,j)}{T(T-1)} \qquad (3.34)$$

式中，T 为在第 p 个类别和第 q 个类别中湖泊的总个数。根据上式，每个湖泊在计算类别间平均距离时被赋予了相同的权重。最终，两个具有最小距离的类别被聚为一个新的类别：

$$(G,H) = \mathop{\arg\min}\limits_{\substack{1 \leqslant p < C_m \\ p < q \leqslant C_m}} \{S(p,q)\} \qquad (3.35)$$

式中，G 和 H 分别为应当被聚为新类的两个类别，并将引起聚类状态的改变。

上述聚类过程为一个不断迭代的过程：首先，在聚类开始时，每个湖泊被视为一个单独的类别，此时类别个数即湖泊个数，聚类次数为零。然后，每一次聚类过程，两个类别被聚为一个新类，聚类次数逐次增加一次，类别个数逐次降低一个，聚类状态随之更新。最终，全部湖泊聚为同一个类别。聚类次数（N）、类别个数（M）与湖泊个数（P）之间满足如下关系式：

$$N + M = P \qquad (3.36)$$

3.4.2.3　BLM

本案例选择 BLM 模拟 Chla-TP 的响应关系。同一个生态分区的 Chla-TP 的响应关系可通过下面的方程表示：

$$y_{vr} \sim N(\alpha_v + \beta_v x_{vr}, \sigma^2) \qquad (3.37)$$

式中，y_{vr} 和 x_{vr} 分别为对数变换后的 Chla 和 TP 浓度；$v(v = 1, 2, \cdots, C_m)$ 为类别标识，C_m 为经过 $m(m = 0, 1, \cdots, P-1)$ 次聚类之后的类别个数，P 为湖泊个数；r 为某个类别监测数据的序号；α_v 和 β_v 分别为第 v 个类别的斜率和截距；σ 为残差标准差。当 m 为 0 时，BLM 为湖泊个体响应关系，该 BLM 可用于响应关系映射中，由于对 Chla 浓度进行了对数变换，因而在求解 Chla 浓度时需要加上修正因子（Sprugel，1983）；

当 m 为 P–1 时，BLM 为区域性响应关系；当 m 为其他值时，BLM 代表不同类别个数的次生态分区模型。

本案例采用 STAN 软件进行参数估计。对每个模型设定 4 条链，给定全部参数无信息先验分布。每条链迭代 200000 次，前 100000 次用于预热，后 100000 次用于获得参数的后验分布。采用 R_hat 统计量判定链的收敛情况，当 R_hat＜1.1 时，可判定为链已收敛（Arhonditsis et al.，2007）。为了能够计算 LooIC 值，在模型中设置了用于表示模型似然函数的新变量。

3.4.2.4　最佳模型选择

本案例采用与滇池 Chla-TP 响应关系季节性动态特征案例相同的模型选择方法，即首先计算各个类别个数对应模型的 LooIC 值，然后比较各个模型 LooIC 值与最小 LooIC 值之间的差异，以 2 倍标准差作为模型筛选依据。当多个模型的 LooIC 值不能对模型选择给出明确支撑时，选择结构最简单（即类别个数最少）的模型为最佳模型（Coblentz et al.，2017）。

3.4.3　响应关系的空间动态性

3.4.3.1　参数估计结果和拟合效果

对各个生态分区分别建立 BLM，得到各个湖泊 Chla-TP 对数线性响应关系的参数后验分布（附表 1）。模型的 R_hat 均接近于 1，表明全部 HMC 链均具有很好的收敛性。根据参数值和 TP 输入序列，即可得到各个湖泊 Chla 平均值的有序输出序列，即式（3.32）中的 $\hat{z}_{ik}$。

可靠的湖泊个体 Chla-TP 的响应关系是获得可靠 Chla 输出序列和进行层次聚类的基础。图 3.16 分别展示了标号为 5 的生态分区（EDU_5）的各个湖泊响应关系对 Chla 观测值的拟合效果。可知，湖泊个体的拟合效果较好，计算可得模型的 R^2 均在 0.4 以上，可认为得到的响应关系可靠。4 个生态分区共有 34 个湖泊，共得到 34 个湖泊个体尺度的响应关系。由于在设计 TP 输入时，根据不同的 TP 取值范围和区间个数共得到了 35 组不同的 TP 输入序列，因而每个湖泊能够得到 35 组不同的 Chla 输出序列。

3.4.3.2　层次聚类结果

在进行层次聚类时，相同生态分区 TP 的取值范围相同，而不同生态分区 TP 的取值范围不同，因而相同生态分区的 TP 输入相同，不同生态分区的 TP 输入不

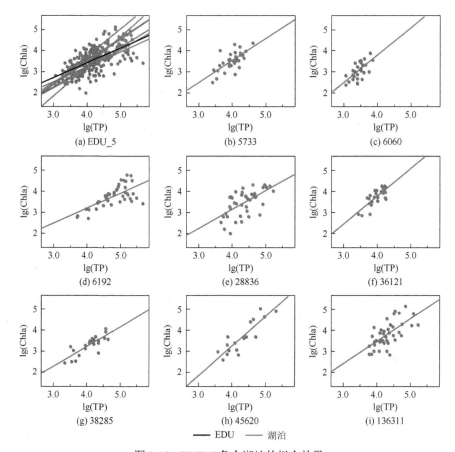

图 3.16　EDU_5 各个湖泊的拟合效果

同，不同生态分区的 Chla 序列不具有可比性。对同一生态分区的 35 组 Chla 输出序列进行层次聚类，可得到 35 个层次聚类结果。结果表明，对于每个生态分区而言，全部层次聚类结果均一致，表明该方法对于 TP 的取值范围和区间个数具有很好的稳定性。尽管如此，根据本案例的结果，选择不同的取值范围和区间个数对计算时间的影响很小，因而为了获得更为可靠的结果，建议尽可能选择较大的取值范围和较多的区间个数。

　　不同生态分区的层次聚类结果见图 3.17，该图展示了湖泊响应关系聚类过程中响应关系的相似性和聚类过程。以 EDU_5 为例，横坐标为湖泊 ID，纵坐标为聚类次数。该生态分区共有 8 个湖泊，因而最大聚类次数为 7。从下向上，该图展示了聚类次数从 0 到 7（类别个数由 8 到 1）的聚类过程。聚类开始前，8 个湖泊形成了 8 个类别；第一次聚类时，根据 8 个类别两两之间的最短平均距离将 ID 为 6060 和 36121 的湖泊聚为一个新类（表明这两个湖泊的响应关系相似性最强），类别个数变为 7，湖泊聚类状态进行更新并作为下次聚类的初始状态；最终经过 7 次聚类将全部湖泊聚为一类。在该图中，通过做一条聚类次数的水平线，即可得到聚类状态。例如，当聚类个数为 5 时，水平线经过了 3 条竖线，分别代表了 3 个响应关系类别；每条竖线包括的湖泊即为类别包括的湖泊，3 个类别分别为（5733，136311，45620）、（6192，28836，38285）、（6060，36121）。

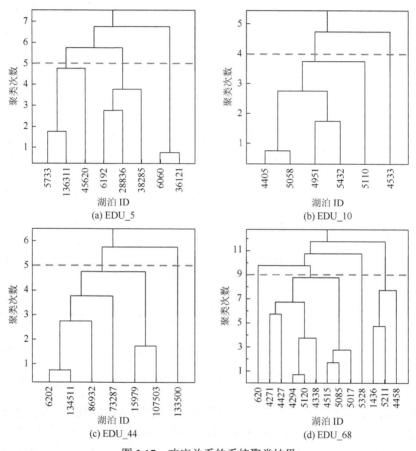

图 3.17　响应关系的系统聚类结果

3.4.3.3　最佳模型选择

各个生态分区在不同类别个数时 BLM 对应的 LooIC 值见表 3.12。在全部生态分区中，类别个数为 1 时模型对应的 LooIC 值均为最大，而类别个数为湖泊个数时的 LooIC 值并非最小。模拟 EDU_5、EDU_10、EDU_44、EDU_68 响应关系模型的最小 LooIC 值分别为 232.4、130.6、283.6、435.8，对应的类别个数分别为 4、4、4、7。同时也注意到部分其他类别个数对应模型的 LooIC 值与最小 LooIC 值相差不大，例如，对 EDU_5 而言，当类别个数为 3 时，LooIC 值为 233.4，与最小 LooIC 值相差不大。因而，需要对比不同类别个数对应模型的 LooIC 值之间的差异。

表 3.12 不同聚类次数模型的 LooIC 值

聚类次数	EDU_5			EDU_10		
	类别个数	LooIC 值	标准差	类别个数	LooIC 值	标准差
0	8	245.3	22.9	6	137.2	18.2
1	7	242.0	23.1	5	134.1	18.5
2	6	238.3	23.1	4	130.6	18.4
3	5	235.0	23.3	3	144.9	18.5
4	4	232.4	23.4	2	142.9	18.4
5	3	233.4	23.4	1	168.9	17.2
6	2	276.6	26.1	—	—	—
7	1	299.4	23.9	—	—	—

聚类次数	EDU_44			EDU_68		
	类别个数	LooIC 值	标准差	类别个数	LooIC 值	标准差
0	7	292.5	25.3	13	446.7	24.9
1	6	289.3	25.5	12	443.7	25.1
2	5	286.4	25.4	11	438.7	24.9
3	4	283.6	25.7	10	436.2	24.8
4	3	289.5	26.8	9	438.4	24.5
5	2	299.7	26.3	8	438.6	24.3
6	1	308.7	26.8	7	435.8	24.6
7	—	—	—	6	440.2	23.7
8	—	—	—	5	448.9	23.7
9	—	—	—	4	450.8	23.6
10	—	—	—	3	471.8	24.5
11	—	—	—	2	501.9	24.5
12	—	—	—	1	513.6	24.4

　　根据式（3.26）和式（3.27）计算可得两个模型 LooIC 的差值及其标准差。在本案例中，除了对比各个生态分区中各个模型 LooIC 值与最小 LooIC 值之间的差异外，还对比了各个模型 LooIC 值与最大 LooIC 值之间的差异。两两模型 LooIC 值之间差异的平均值及其与 2 倍标准差组成的区间见图 3.18。图中右半区的点为生态分区内不同类别个数对应模型与最小 LooIC 值之间的差异，线表示对应的区间；左半区的点为生态分区内不同类别个数对应模型与最大 LooIC 值之间的差异，线表示对应的区间。灰色竖线表示零值。

　　由图 3.18 可知，对 EDU_5 而言，类别个数为 3、5 和 6 时置信区间均包括零，表明这些模型的拟合效果与类别个数为 4 的模型没有显著差异，因而最佳模型应该选择结构最简单的，即类别个数为 3 的模型。同理，对 EDU_10、EDU_44 和 EDU_68 而言，最佳模型应该分别选择类别个数分别为 2、2 和 4 的模型。通过与类别个数为 1 的模型对比，4 个生态分区最佳模型的 LooIC 值均显著低于类别数

为 1 的模型，表明最佳模型的拟合效果显著好于区域性模型。对 4 个不同的生态
分区，在图 3.18 中分别做类别个数为 3、2、2、4 的直线即可得到最佳类别个数
对应的聚类结果，即为表 3.13。

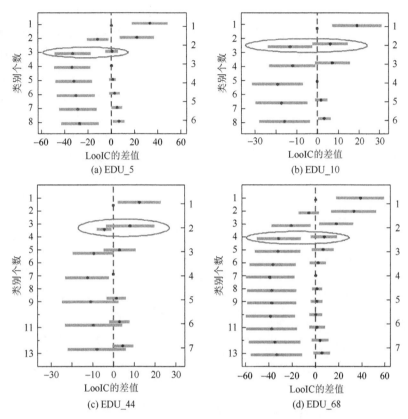

图 3.18　模型 LooIC 差值分布

表 3.13　不同生态分区的湖泊类别划分结果

生态分区	类别	湖泊 ID
EDU_5	1	5733，136311，45620
	2	6192，28836，38285
	3	6060，36121
EDU_10	1	4405，5058，4951，5432，5110
	2	4533
EDU_44	1	6062，134511，86932，73287，15979，107503
	2	133500
EDU_68	1	620
	2	4271，4427，4292，5120，4338，4515，5085，5017
	3	5328
	4	1436，5211，4458

3.4.3.4　响应关系的空间动态性

　　各个生态分区的不同类别湖泊响应关系的参数估计结果见附表 1。由于生态分区是目前应用最为广泛的湖泊营养盐空间尺度,因而本案例比较了最佳模型参数与区域性模型参数之间的差异,采用模拟的方法得到了参数的差异和 90%置信区间 (Kerman and Gelman,2007)。参数差异的结果见图 3.19,可知:①在全部 11 个类别中,有 6 个类别的回归参数与相应区域性模型回归参数差异的 90%置信区间不包括零,即与区域性模型具有显著性差异;②这 6 个类别包括了 18 个湖泊,超过了湖泊总数的 50%,表明如果采用区域性模型,将有超过半数湖泊的响应关系被错误地估计;③除了 EDU_10 外,区域性模型的回归斜率全部高估或低估了生态分区内各类别湖泊响应关系的斜率;④斜率与区域性模型之间的差异和截距与区域性模型之间的差异存在互补关系,即当区域性模型高估了某一类别湖泊的斜率时,将会同时低估该类别湖泊的截距,反之亦然。

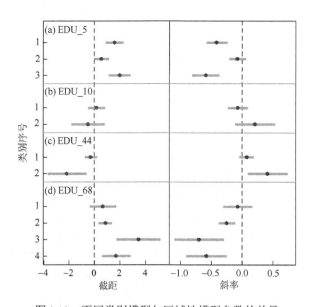

图 3.19　不同类别模型与区域性模型参数的差异

　　此外,从制定营养盐基准的角度出发,分别选择 20μg/L 和 40μg/L 作为 Chla 浓度的目标值,得到达到 Chla 目标值所需的 TP 浓度平均值,并将其作为 TP 的基准值 (Huo et al.,2014)。同时,采用区域性模型获得了区域性营养盐基准。计算出区域性营养盐基准和不同类别湖泊营养盐基准之间的差异。结果发现,对于大部分次生态分区而言,其营养盐基准与区域性营养盐基准具有较大的差异 (表 3.14,

负值表示营养盐基准被区域性营养盐基准低估),有些次生态分区营养盐基准的差异甚至超过了 20μg/L。例如,当选择 20μg/L 作为 Chla 浓度的目标值时,对 EDU_68 的第 3 个次生态分区而言,其 TP 基准被区域性营养盐基准高估了 32μg/L;当选择 40μg/L 作为 Chla 浓度的目标值时,对 EDU_10 的第二个次生态分区而言,其 TP 基准被区域性营养盐基准高估了 50μg/L。可见,区域性营养盐基准不适应于区域内全部湖泊和类别。

表 3.14　不同湖泊类别与区域性 TP 基准的差值

生态分区	Cluster ID	Chla 目标值	
		20μg/L	40μg/L
	5_1	7	−7
EDU_5	5_2	13	26
	5_3	2	−22
EDU_10	10_1	−1	−6
	10_2	11	50
EDU_44	44_1	0	3
	44_2	−19	−22
	68_1	20	40
EDU_68	68_2	2	−8
	68_3	32	29
	68_4	−4	−26

注:Cluster 为类别标识

3.4.4　营养盐基准的空间尺度

合适的空间尺度是保证营养盐基准有效的前提条件。营养盐基准最初建立在国家尺度上,对全部湖泊实行统一的营养盐基准。然而,考虑营养盐基准影响因子的空间异质性,研究者提出根据降水、气温、海拔、植被和土壤地质等因子将全国划分为多个生态分区,并以生态分区作为基本单元制定区域性营养盐基准(Huo et al.,2014;Omernik and Griffith,2014;Omernik,1987)。这是一种自上而下的营养盐尺度划分思路,即根据潜在驱动因子的异质性将高级尺度的区域划分为低级尺度的多个区域。随着监测数据的积累,按照这种生态分区划分思路,有些潜在驱动因子(如水深、流域面积和水面面积等)在生态分区尺度上也存在空间异质性,研究者又在生态分区的尺度上划分出了次生态分区尺度,或者指出应该直接建立湖泊个体尺度上的营养盐基准,以提高营养盐基准的准确性(Mclaughlin,2014)。

　　尽管采用自上而下的思路也可得到次生态分区的营养盐基准，但是自上而下的思路取决于进行次生态分区划分时采用的影响因子，而在实践中难以保证全部入选的因子均对营养盐基准具有显著影响，也无法保证所有的对营养盐基准有影响的因子全部被选入。因而采用不同的影响因子组合可能得到不同的次生态分区划分结果，如果采用错误的驱动因子组合则会导致错误的划分结果，如果采用不完整的驱动因子组合则会使得此生态分区划分结果需要进一步的划分。而生态分区划分方法最初并不是为制定生态分区营养盐基准服务的（Omernik，1987），因而无法保证生态分区对营养盐基准的适应性，且在实践中难以将全部的影响因子考虑在内（Hamil et al.，2016）。这些问题使得采用自上而下的思路进行次生态分区划分的结果不可靠。

　　与传统的自上而下的营养盐空间尺度判定方法不同，本书提出的自下而上的营养盐空间尺度确定方法可有效地解决上述问题：首先假定湖泊个体的响应关系均有显著性，然后对湖泊个体的响应关系按照相似性进行聚类，并采用科学合理的信息准则对最佳类别个数进行选择，最终完成了对生态分区内不同湖泊 Chla-TP 响应关系的聚类。根据聚类结果将生态分区划分为可能不连续的次生态分区。其中，湖泊之间影响因子的空间异质性被作为潜在变量用于建立不同湖泊个体的响应关系（Hamil et al.，2016），这些影响因子对营养盐基准影响的显著性通过模型选择进行了确定，并使得最终划分结果不具有再次划分的必要。在本案例中，湖泊个体尺度影响因子的作用被识别为部分显著，因而次生态分区尺度被识别为合适的空间尺度。在对响应关系的类别进行聚类之后，则可进一步地对潜在影响因子进行分析，以确定哪些因子对营养盐基准的确有显著影响。显然，本书为确定营养盐基准的空间尺度提供了一种新的思路（图 3.20）。该方法不仅能够用于确定营养盐的尺度，根据不同的湖泊类别得到的压力响应模型还能直接用于确定营养盐基准值。

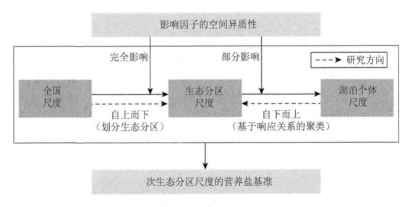

图 3.20　营养盐基准空间尺度的确定思路

本节提出的基于响应关系的聚类方法是实现营养盐空间尺度自下而上识别的关键。基于响应关系的聚类方法本质上是一种对响应关系进行模式识别的方法。尽管本案例中对响应关系模式的识别是在生态分区框架下实现的，但实际上也可突破生态分区的框架而在更大的尺度下进行响应关系模式的识别及其驱动因子的探究，并以此检验传统的生态分区划分方法是否合理：如果基于响应关系聚类的结果与生态分区划分结果不一致，则表明生态分区划分方法不合理。同时，作为一种创新性的聚类方法，该方法在其他需要按照响应关系的相似性进行聚类的研究中具有很好的应用前景。需要指出的是，该方法尽管对具体模型形式没有要求，但模型形式有可能会影响聚类结果，因而确定合理的模型形式是保证该方法合理性的基础。

在本案例中提出的基于响应关系的聚类方法是对传统聚类方法的重要扩展。目前，常见的聚类方法包括层次聚类法（Murtagh and Contreras，2017）、*K* 均值聚类法（Barrero et al.，2015）和基于模型的聚类方法（Ingrassia et al.，2015）等。这些方法在环境和生态学领域中有着广泛的应用，对相似性评估和模式识别等具有重要意义（Sotomayor et al.，2017）。例如，Yang 等（2010）采用层次聚类法对滇池水质分布的时间和季节性特征进行了分析。然而，这些聚类方法仅能对状态变量进行聚类分析，而不能对响应关系进行分析；本书提出的基于响应关系的聚类方法则可通过响应关系映射对响应关系的相似性进行聚类，并可得到与系统聚类法类似的层次聚类结果，具有直观性。此外，该方法除了能给出聚类结果外，还能筛选出最佳类别的个数，这得益于采用基于模型所表征的响应关系进行聚类的过程。

3.5 建议与小结

3.5.1 对湖泊营养盐基准建立的建议

限于标准制定时的数据匮乏问题，我国目前实行全国统一的湖泊营养盐标准。根据本章的研究结果，Chla 与 TP 之间的响应模型在时间和空间维度上均具有动态性特征，导致了营养盐基准的时空动态性，使得统一的营养盐基准不能适用于全部的湖泊的全部时段。因而，本书认为统一的湖泊营养盐基准已不能满足湖泊水质目标风险管理的需求，尤其是当湖泊发生了稳态转换或干旱事件等变化时，应注意探索湖泊 Chla-TP 响应关系是否发生了变化。

美国以生态分区作为营养盐基准建立的空间尺度，我国当前也在积极推进区域性营养盐基准的建立。然而，根据对美国东北部 4 个生态分区湖泊 Chla-TP 响应关系空间动态性的研究结果，传统的自上而下划分生态分区的思路不能保证区域性营养盐基准对区域内全部湖泊的适用性，区域性营养盐基准可能带来较大的偏差。因而，本书建议在建立区域性营养盐基准时，应首先对空间尺度的合理性进行评价，然后进行数据聚集和基准建立，而不是盲目地建立区域性营养盐基准。本章提出的基于响应关系的聚类方法可为营养盐空间尺度合理性的评价提供有力的工具，也可为营养盐空间尺度提供自下而上的划分方法，为区域性营养盐基准的合理性提供直接依据。

随着监测数据的累积，有些研究建议建立湖泊个体的营养盐基准。本章的研究结果表明，响应关系的动态性并不总是成立的，对动态模型过度信任而不加区分地使用动态模型可能会造成对监测数据的过拟合。因而本书认为监测数据的积累能够为确定营养盐基准的合理空间尺度提供重要信息，却不是建立湖泊个体营养盐基准的充分条件，营养盐基准的空间尺度应根据各个空间尺度影响因子的显著性进行确定（图 1.6 和图 3.20）。本书建议在大量湖泊长时间尺度监测数据的基础上，采用基于模型选择的响应动态性识别方法，首先开展确定营养盐合理空间尺度的研究，再建立区域性营养盐基准。

3.5.2　小结

针对已有研究忽视响应关系的动态性或缺乏对动态模型合理性验证的问题，本章提出了基于模型选择的响应关系动态性识别方法。该方法包括设定动态参数、建立备选模型、模型评价与比较、响应关系动态性判定 4 个步骤。其中，建立备选模型是该方法区别于传统方法的关键步骤，而合理的模型评价准则的确定则是保证该方法有效性的前提。模型评价准则必须能够同时反映模型的复杂程度和拟合优度，从而有效地避免过拟合。

本章将基于模型选择的响应关系动态性识别方法应用到探究 Chla-TP 响应关系在时间、季节和空间维度上的动态性中。当采用压力响应模型推导营养盐基准时，给定特定的 Chla 目标值，则响应关系的动态性即可反映营养盐基准的动态性特征。

在异龙湖案例中，通过建立 4 个贝叶斯突变点模型探究了 Chla-TP 在时间维度上响应关系的突变特征，发现 2004～2016 年响应关系发生了两次突变，分别发生在由生态养鱼导致的稳态转换和干旱事件附近；近几年来，异龙湖 Chla 对 TP 的敏感性变差，而应将降低 TN 浓度作为湖泊富营养化控制的必要手段，强调了采用模型选择进行动态性识别的必要性。此外，研究发现 TP 和 Chla 浓度均有 3 个突变点，且在稳态转换附近响应关系的突变先于状态变量的突变，表明响应关系与状态变量的突变不必具有一致性，强调了采用贝叶斯突变点模型直接对突变点进行识别的必要性。

在滇池 Chla-TP 响应关系的案例中，通过建立 3 个备选模型研究了 Chla-TP 响应关系在季节维度上的动态性特征，发现 CPM 为最佳模型，而非 BHM 或 NPM，表明不存在显著的季节动态性，强调了采用信息准则进行模型评价的必要性；基于研究对 BHM 过度信赖的现状，强调了采用模型选择方法而非盲目采用先进统计学方法的重要性。

在美国东北部湖区的案例中，针对研究中缺乏对根据响应关系相似性聚类方法的现状，本章创新性地提出了一种基于响应关系的聚类方法，研究了营养盐基准的合理尺度，研究结果表明 TP 基准应当建立在次生态分区的尺度上；基于响应关系的聚类方法为营养盐基准空间尺度的确定提供了一种新思路，且可直接用于推导营养盐基准。上述案例的研究结果表明，本章提出的基于模型选择的响应关系动态性识别方法的功能为识别响应关系是否具有动态性和表征响应关系，这种方法不是一种验证性的方法。

第4章 基于扰动分析的湖泊响应非线性和时滞性识别

4.1 扰动分析法

水质对负荷削减响应的非线性和时滞性是湖泊水质目标风险的重要来源，忽视水质对负荷削减响应的非线性和时滞性可能会影响流域负荷削减的决策，导致对水质状况产生错误的预期，造成水质改善预期与水质实际状况的偏差。通过对响应非线性和时滞性特征的识别，能够回答在特定的负荷削减条件下水质于何时达到何种程度改善的问题，对于科学地认知污染物在湖泊系统中的迁移转化过程和污染防治的效果具有重要意义，是进行湖泊水质目标风险管理不可或缺的重要环节。

如前所述，在研究水质对负荷削减响应的非线性和时滞性特征时，统计学模型难以将非线性和时滞性进行耦合分析，且对时滞时间的精确识别受到监测频次的影响。机理模型通过对污染物迁移转化过程的精确描述能够用于揭示水质对负荷削减的非线性和时滞性特征；然而通常采用的情景分析法得到的是多年负荷削减的综合效果，能够回答水质于何时达到何种程度改善的问题，却不能区分特定时段负荷削减的效果。针对上述问题，本书以复杂机理模型作为模拟湖泊系统过程的工具，提出一种基于模型的扰动分析法，并将该方法应用于研究湖泊水质对负荷削减响应的非线性和时滞性特征的识别中。该方法与生态学研究系统弹性采用的扰动分析法具有类似的思路，其最大的差异在于本书采用水质模型模拟系统对扰动（负荷削减）的响应，因而将本书提出的方法命名为基于模型的扰动分析法。

4.1.1 扰动分析在生态学中的应用

扰动分析是生态学领域中研究生态系统对外界干扰响应的最常见的方法。一般而言，根据扰动的持续时间，可将外界干扰分为瞬时脉冲扰动和持续时间较长的压力扰动两种类型（Hillebrand et al.，2017；Ratajczak et al.，2017）。生态系统对扰动的响应能够体现生态系统的弹性特征，生态系统的弹性对于衡量系统的稳定性和进行生态系统管理具有重要意义。

生态系统弹性最早由 Holling 在 1973 年给出定义，是指生态系统在没有定性地发生由不同过程控制的状态改变时，能忍受外界干扰的能力（Holling，1973）。Pimm 在 1984 年定义弹性为系统恢复到受干扰前的状态所需要的时间（Pimm，1984）。这两种定义一般分别被称为生态弹性和工程弹性，生态弹性被认为是广义上的弹性概念，而工程弹性则可被称为恢复力（Standish et al.，2014）。时至今日，对生态系统弹性的研究可归纳为两个方面：①在理论上对弹性概念的定义和扩展；②在实践中对生态系统弹性的定量化。

理论上，研究者对生态系统弹性的定量化指标进行了诸多研究，提出了多种衡量生态系统特征的指标。例如，Hillebrand 等（2017）将生态系统稳定性的衡量指标划分为抵抗力、弹性、恢复力和时间稳定性 4 种，其中抵抗力是指受到扰动后系统偏离初始状态的最大值，弹性是指系统由偏离初始状态最大值时恢复到新的稳定状态的轨迹斜率，恢复力是指系统达到新的稳定状态时与初始状态的偏离值，时间稳定性用于衡量系统恢复过程中的波动性（图 4.1）。

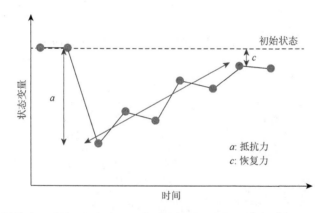

图 4.1　抵抗力、弹性、恢复力和时间稳定性的概念图（Hillebrand et al.，2017）

Todman 等（2016）认为弹性应包括 4 个组分，即恢复时间、恢复程度、恢复速率和效率，其中恢复时间为系统发生改变到达到新稳态所需的时间，恢复程度为新稳态与初始状态的距离，恢复速率为由系统偏离初始状态最大值到达到新稳态过程状态变量变化的平均速率（图 4.2），效率是假定系统能够恢复到初始状态时响应曲线下的面积。Ganin 等（2016）则认为效率指标包含了恢复力、抵抗力和恢复速率等多重信息，作为一个综合性指标可直接定量地代表系统的弹性（图 4.3）。Hillebrand 等（2017）认为有些指标之间可能存在较强的相关性，此时尽管指标的具体含义不同，但应被视为同一维度下系统特征的不同表达。在给出抵抗力、弹性、恢复力和时间稳定性的定量计算方法之后，分别得到了瑞典和澳大利亚的一些湖泊系统中细菌、浮游植物和浮游动物群落对湖泊理化条件扰动的响应，分析了 4 种指标之间的相关关系。显然，当假设系统能够恢复到初始状态可作为系统未能恢复到初始状态的一种特例，系统能够恢复到初始状态时，可认为图 4.1 中的 c 值和图 4.2 中的 b 值为 0。无论系统能否恢复到初始状态，上述对于生态系统稳定性或者弹性的讨论都是以扰动分析作为分析方法的。

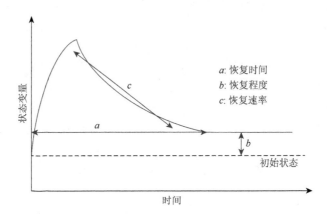

图 4.2　恢复时间、恢复程度和恢复速率的概念图（Todman et al.，2016）

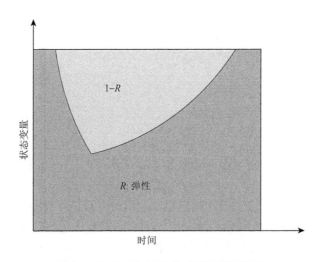

图 4.3　Ganin 等（2016）定义的弹性概念

　　在实践中，通常采用试验的方法研究外界扰动对生态系统的影响。例如，Hillebrand 等（2017）通过围隔划定了湖泊中的区域以研究湖泊主要群落对外界条件扰动的响应；Powers 等（2009）采用试验的方法研究了瞬时脉冲扰动对淡水生态系统对磷的吸收情况的影响。长时间观测值也可为分析生态系统对扰动的响应提供依据。例如，Schwalm 等（2017）根据多个数据库的监测数据，研究了生态系统初级生产力对干旱事件的恢复情况的影响，结果表明恢复时间与气候、碳循环、生物多样量等因子有关。

采用试验的方法研究生态系统对外界扰动的响应时，往往需要进行复杂的试验设计和严谨的试验控制，而生态系统的复杂性使得控制试验十分困难。采用观测的方法研究生态系统对外界扰动的响应时，需要收集包含扰动的历史监测数据，而当聚焦人为活动对生态系统的影响时，对应的历史数据极为匮乏，这些问题大大限制了上述两种方法的应用。Wu Z 等（2017）开创性地采用动态贝叶斯网络模型建立了经过校验的全生态系统模型，可模拟复杂的生态过程和因子之间的交互作用。在此基础上，采用扰动分析法研究了全球海洋生态系统的弹性（包括风险、恢复力和抵抗力）状态和影响因素。与之类似，Ratajczak 等（2017）基于早期长时间尺度的捕食和富营养化试验建立了能够描述湖泊植被生物量的简单生态模型，研究了压力的强度和持续时间对稳态转换的影响。这些研究通常都是首先建立可靠的模型以模拟生态系统过程，进而以模型代替生态系统，用方程描述变量间复杂的关系，通过改变输入变量探究外界扰动对生态系统的影响。该方法克服了上述两种方法对严苛的试验设计要求和匮乏的观测数据对扰动分析法的限制，在生态（系统）模型日益完善的条件下，为研究生态系统对扰动的响应提供了新的思路。

4.1.2　基于模型的扰动分析法

与生态学研究中采用的扰动分析法思路类似，为识别湖泊水质对流域外源负荷削减响应的非线性和时滞性特征，本书提出一种基于模型的扰动分析法。在生态学研究中采用扰动分析法时通常假设系统的初始状态为稳态，受到扰动后的状态也处于稳态中。然而，我国湖泊污染防治措施多样且多变，水质常处于较大的波动中，因而不能保证系统稳态的假设。为解决上述问题，基于模型的扰动分析法增加了对基准情景的模拟，通过基准情景下水质与扰动情景下水质的差异将扰动对水质的影响定量化。

基于模型的扰动分析法包括 4 个步骤（图 4.4）：①负荷输入情景设定。包括基准情景和扰动情景，基准情景是指现有状态下的边界条件，扰动情景仅在特定的时段进行负荷削减而在其余时段与基准情景的负荷输入相同。实践中的基准情景负荷输入可能是有波动的，则扰动情景在特定的时段按比例削减即可。②水质模型的建立。该方法对特定的模型结构和形式没有要求，为保证扰动分析结果的可靠性，水质模型必须经过严格的校正和评估。③获得水质响应曲线。根据水质模型和负荷输入的情景，即可得到基准情景和扰动情景下所关注水质指标的响应，水质指标可以是浓度，也可以是存量，视研究对象而定。④获得扰动效应曲线。

扰动效应曲线即衡量扰动情景中的负荷削减对水质响应差异的可视化时间序列曲线,通过采用基准情景的水质响应曲线减去对应时刻扰动情景的水质响应曲线获得,因而负荷削减的效应曲线为正值。该方法同样可应用于研究负荷增加作为扰动对水质的影响分析,只需相应地改变扰动情景即可,此时效应曲线的获得可采用扰动情景的响应曲线减去基准情景的响应曲线,以保证扰动效应曲线为正值。

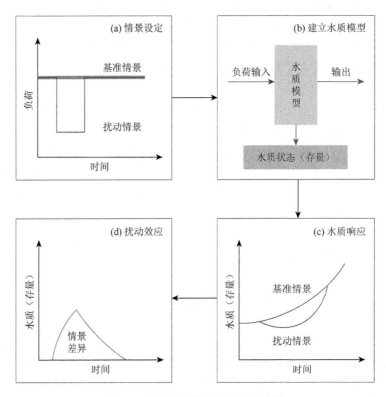

图 4.4　基于模型的扰动分析法步骤

　　扰动效应曲线图虽可直观地体现水质对负荷削减的响应,却不能定量地衡量扰动的综合效应。为此,本书定义了一类能够定量地表达被削减的负荷在湖泊中效应的指数。湖泊系统中某一时刻污染物的存量(S_t)取决于上一时刻的存量(S_{t-1})、该时刻的输入通量(I_t)和输出通量(O_t)[图 4.5(a)],即

$$S_t = S_{t-1} + I_t - O_t \tag{4.1}$$

则某一时刻基准情景与扰动情景存量的差异(ΔS_t)取决于上一时刻存量的差异(ΔS_{t-1})、该时刻输入通量的差异(ΔI_t)和输出通量的差异(ΔO_t),即

$$\Delta S_t = \Delta S_{t-1} + \Delta I_t - \Delta O_t \tag{4.2}$$

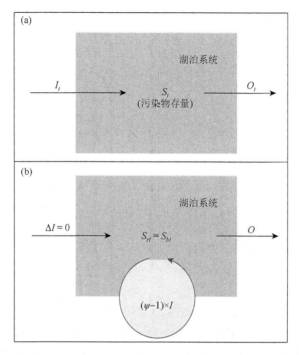

图 4.5　负荷输入、输出与存量的关系

　　根据扰动分析中的情景设置，令负荷削减开始的时刻为 $t=1$，则某一时刻存量的差异取决于负荷削减开始后全部输入通量的累积差异和全部输出通量的累积差异，即

$$\Delta S_t = \sum_{\tau=1}^{t} \Delta I_\tau - \sum_{\tau=1}^{t} \Delta O_\tau \tag{4.3}$$

由上式可知，流域外源负荷削减是湖泊营养盐输入差异的一项；负荷削减还可能会影响营养盐在湖泊系统中迁移转化的其他过程。基于上述推导过程，本章定义了 3 个表观通量指数：t 时刻营养盐负荷削减的表观输入率（ϕ_t）、表观效应率（κ_t）和表观循环率（ψ_t），表达式如下：

$$\phi_t = \frac{\sum_{\tau=1}^{t} \Delta I_\tau}{\sum_{\tau=1}^{t} \Delta L_\tau} = \frac{\sum_{\tau=1}^{t} \Delta I_\tau}{\sum_{\tau=1}^{t} (L_{b\tau} - L_{r\tau})} \tag{4.4}$$

$$\kappa_t = \frac{\Delta S_t}{\sum_{\tau=1}^{t} \Delta L_\tau} = \frac{\sum_{\tau=1}^{t} \Delta I_\tau - \sum_{\tau=1}^{t} \Delta O_\tau}{\sum_{\tau=1}^{t} (L_{b\tau} - L_{r\tau})} \tag{4.5}$$

$$\psi_t = \frac{\sum_{\tau=1}^{t}\Delta I_\tau + \sum_{\tau=1}^{t}\Delta O_\tau}{\sum_{\tau=1}^{t}\Delta L_\tau} = \frac{\sum_{\tau=1}^{t}\Delta I_\tau + \sum_{\tau=1}^{t}\Delta O_\tau}{\sum_{\tau=1}^{t}(L_{b\tau} - L_{r\tau})} \tag{4.6}$$

式中，ΔL_τ 为 τ 时刻外源负荷的削减量；$L_{b\tau}$ 和 $L_{r\tau}$ 分别为基准情景和扰动情景的外源负荷输入量。

扣除了外源负荷输入减少导致的其他输入增加的"缓冲"作用，ϕ 表示负荷削减导致的进入湖泊的营养盐实际减少量占负荷削减量的比例；扣除了外源负荷输入减少导致的全部湖泊内部过程对存量的影响，κ 表示负荷削减导致的湖泊营养盐存量实际减少量占负荷削减量的比例；ψ 则表示由于营养盐在湖泊内部的迁移转化过程，其表观上体现出来的营养盐通量占外源输入通量的比例。如图 4.5（b）所示，假设扰动情景的负荷削减时段为 1～T，经过一定的时间（t_e 时刻）这部分入湖负荷的影响完全消失，即有 $S_{rt} = S_{bt}$，在这个过程中有（$\psi-1$）倍的营养盐经过了一次循环重新进入了湖泊中。这 3 个表观通量指数是湖泊系统对外界扰动（负荷削减）复杂响应过程的定量和直观表现，能够从不同的方面反映湖泊系统对外界干扰的弹性特征，对于定量表征营养盐在湖泊系统中的迁移转化具有重要意义。

从表达式可知，3 个表观通量指数的数值与关注的时刻 t 有关，可能随时间发生变化。当关注的时刻 $t>T$ 时，由于 T 时刻后负荷不再削减，表观通量指数的分母不再变化。当负荷削减的影响能够完全从湖泊移除时，κ 为 0，但不能保证 ϕ 和 ψ 不再变化，原因是当输入增加（减少）与输出增加（减少）的通量相当时仍能使得 κ 为 0，表现为负荷削减的影响完全移除。实际上，还有可能影响各个过程的活跃程度，该活跃程度可用 ϕ 和 ψ 表示。

与传统的情景分析法相比，基于模型的扰动分析法在情景设置上做了改进，使得湖泊系统对特定时段负荷削减的响应成为可能。基于模型的扰动分析法并非是对情景分析法的否定，这两种方法各有侧重：情景分析法注重决策时负荷的连续削减带来的效果，基于模型的扰动分析法回答特定时段的负荷削减在何时产生了何种效果的问题，定量地揭示湖泊系统对特定时段负荷削减的非线性和时滞性响应，以增强人们对负荷削减效果的认知。

本书将湖泊水质对负荷（削减）的响应归纳为 3 个层面，即机理层面、过程层面和表观层面（表 4.1）。机理层面是根据机理过程采用数学表达式对响应关系的定量表达，最常用的方法为水质模型，统计模型也可作为机理层面对响应关系定量描述的有效工具，对特定的水质模型进行参数率定之后，机理层面的响应关系便是确定的了。对于不同的案例地、不同的时间段过程层面的响应可能存在很大差异，表现在负荷输入、湖泊系统内部过程和负荷输出等方面。表观层面的响应由过程层面的响应驱动，表现为水质在时间和量级两个维度上的变化，即在某一时刻为何值，可用 S_t 表示。

表 4.1　不同分析法在 3 个响应层面的关注点

响应	基准情景	情景分析	扰动分析
机理层面	响应关系（水质模型、统计模型）		
过程层面	I、O、P	ΔI、ΔO、ΔP	ΔI、ΔO、ΔP
	$S_{t-1} \rightarrow S_t$	$\Delta S_0 = 0 \rightarrow \Delta S_t$	$\Delta S_0 = 0 \rightarrow \Delta S_t$
表观层面	$S_t = \displaystyle\sum_{\tau=0}^{t} f(L_\tau)$	$\Delta S_t = \displaystyle\sum_{\tau=0}^{t} f(\Delta L_\tau)$	$\Delta S_t = \displaystyle\sum_{\tau=0}^{T} f(\Delta L_\tau)$

采用基准情景（仅对监测数据进行拟合，并根据结果分析水质变化的历史波动）、情景分析和扰动分析研究水质对负荷（削减）的响应时，在不同的层面上对响应的关注点存在异同（表 4.1）：①在机理层面的关注点一致，均为进行参数率定后的水质模型。②在过程层面上，基准情景关注负荷输入、湖泊系统内部过程、负荷输出，以及由此导致的湖泊水质变化；情景分析和扰动分析则关注基准情景与负荷削减情景负荷输入、湖泊系统内部过程、负荷输出的差异，以及由此导致的 t 时刻时水质差异。③在表观层面上，基准情景关注流域外源负荷输入与特定时刻水质之间的因果关系，情景分析关注流域外源负荷输入差异与特定时刻水质差异之间的因果关系，无法区分特定时段负荷削减对水质改善的效果，扰动分析则关注特定时段（1～T）流域外源负荷输入差异与特定时刻水质差异之间的因果关系，能够区分特定时段负荷削减的效果。显然，当关注的 $t<T$ 时扰动分析即为情景分析，因而情景分析法可以看作 $T \rightarrow \infty$ 时扰动分析法的特例。

与生态学领域中的扰动分析法相比，基于模型的扰动分析法基于能够精确地描述系统状态和动态的模型，不受系统稳态的限制，适用于研究湖泊系统水质对于负荷削减的影响；生态学领域的研究侧重于对系统响应的分析，以获得系统弹性的定量表征，而本书的外界扰动为负荷削减，系统响应为营养盐存量的变化，二者为同一物质而具有可比性，侧重于研究系统响应与外界扰动之间的关系；生态学领域中研究的目的大多为确定外界扰动的阈值，获得系统能够回到原来状态的外界扰动阈值，而本书则侧重于研究系统对扰动的非线性和时滞性响应特征。

4.1.3　响应的非线性识别方法

由于生态学和环境科学领域中对非线性的定义较为繁杂（Pedersen et al.，2011；Dodds et al.，2010；Svirezhev，2008；Blasius and Stone，2000），因而有必

要对本书中非线性的含义进行界定。本书中非线性识别的对象是水质（营养盐存量）对外源负荷输入的响应。在理想情况下，当湖泊营养盐存量和负荷输入的初始状态为 0 时，只需研究加入外源负荷时营养盐的存量即可识别响应的非线性特征。然而上述情况在实践中是不存在的，因而本书采用扰动分析法识别水质对外源负荷输入是否存在非线性响应。

本书关注两类响应非线性的识别：①水质对负荷削减的非线性响应，即识别营养盐外源负荷削减是否引起了水体等量营养盐存量的变化［式（4.7）］，如果营养盐的负荷削减量与水体存量的变化相等，则表明水质对负荷削减的响应是线性的，否则表明响应是非线性的，即湖泊系统中存在一些过程使得负荷削减的表观效应与负荷削减量不相等。②负荷削减效果对负荷削减的非线性响应，负荷削减效果是指由负荷削减引起的水体营养盐存量的变化，即不同的负荷削减强度或方式之间是否具有可加性［式（4.8）］。如果水质对负荷削减的响应是线性的，就不存在第二类响应非线性。

第二类响应非线性又可分为 3 种情况进行分析：一是识别负荷削减效果对负荷削减强度的非线性响应（简称为削减强度的非线性），即研究不同的负荷削减强度与其所产生的效果是否是等比例的［式（4.9）］；二是识别负荷削减效果对负荷削减分配的非线性响应（简称为削减分配的非线性），即在相同的负荷削减总量的基础上，研究不同年份进行削减产生的效果是否相同；三是识别负荷削减效果对营养盐协同削减的非线性响应（简称为协同削减的非线性），即研究营养盐同时削减效果与分别削减效果是否具有可加性。

$$e(\Delta L) = \Delta L \tag{4.7}$$

$$e(\Delta L_1 + \Delta L_2) = e(\Delta L_1) + e(\Delta L_2) \tag{4.8}$$

$$e(a \times \Delta L) = a \times e(\Delta L) \tag{4.9}$$

式中，ΔL 为流域外源负荷削减量；$e(\Delta L)$ 为负荷削减效果，即基准情景与扰动情景营养盐存量的差值。

根据基于模型的扰动分析法可进行两类非线性响应的识别。根据两类非线性的定义，在建立可靠的水质模型，获得响应曲线之后，对比负荷输入（的差异）和扰动效应曲线是识别响应非线性的关键（图 4.6）：负荷削减量（ΔL）及不同扰动情景的负荷削减量（如 ΔL_1 和 ΔL_2）可根据情景设定获得，负荷削减效果即基准情景与扰动情景营养盐存量的差异（扰动效应曲线）。

本书选择 TN 和 TP 作为关注对象，分析 TN 和 TP 削减对湖泊 TN 和湖泊 TP 存量的影响：①根据扰动效应曲线和三个表观通量指数对第一类响应非线性进行识别；②对削减强度非线性而言，可设定固定的负荷削减梯度，通过比较在不同的负荷削减水平下负荷削减的边际效应，判定削减强度是否会影响负荷削减效

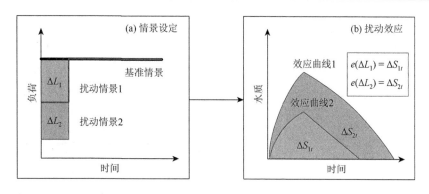

图 4.6　响应非线性识别的关键步骤

果，从而识别削减强度的非线性；③对削减分配非线性而言，可预见在负荷削减的年份中负荷削减效果存在较大差异，因而比较负荷削减结束后不同年份负荷削减的效果有助于识别削减分配的非线性；④对协同削减非线性而言，分别设定 TN 和 TP 的协同削减和分开削减，获得对应的扰动效应曲线，通过对比削减效果是否一致即可识别 TN 和 TP 负荷削减对水质是否具有协同作用。三个表观通量指数也可为第二类响应非线性的识别提供信息。

4.1.4　响应的时滞性识别方法

根据扰动分析法获得的扰动效应曲线，可直接识别水质对负荷削减响应的时滞性特征。当负荷削减效果能够被完全移除时，扰动效应曲线是闭合的，此时可识别 3 个时刻 [图 4.7（a）]：①扰动效应曲线与零有明显差异的时刻（t_s），即负荷削减开始产生明显效应的时刻；②扰动效应曲线的最大值点处的时刻（t_m），即负荷削减产生最大效应的时刻；③扰动效应曲线重新回到零值的时刻（t_e），即负荷削减的效应被完全去除的时刻。此时，t_e 时刻的 ψ 即被削减的负荷对湖泊通量贡献的比率，其后任何时刻的 ψ 均相等，可见响应的非线性和时滞性之间的耦合特征。根据生态学领域对扰动分析的研究可知，扰动过后系统可能不能回到初始状态，即扰动效应曲线不能闭合，表示负荷削减效果不能被完全移除，此时可能存在 3 种情况 [图 4.7（b）]：①在模拟的时间内扰动效应曲线仍然有下降趋势，但不足以判定为负荷影响被完全移除，此时可通过增加模拟时间寻找 t_e；②扰动效应曲线经过一定时间的下降后维持在了较高的稳定水平，此时可识别出最先达到稳定的时刻，将该点标记为 t_c；③扰动效应曲线的趋势发生了突变，由下降变为上升，此时可识别出突变点，也可将该点标记为 t_c。

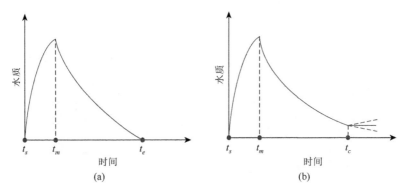

图 4.7　响应时滞性的关键时刻

由于扰动效应曲线可能存在季节性波动，对 t_c 的判断可能产生较大困扰，因而本书采用时间序列分析方法去除周期性特征和随机扰动，剥离出扰动效应曲线的趋势项来判断 t_c。采用基于局部加权估计的季节趋势分解法（seasonal trend decomposition using loess，STL）方法对原始时间序列进行趋势项、周期项和残差项的分解 [式（4.10）]，获得趋势项并进行分析。STL 方法是一种采用局部加权回归法进行趋势和周期拟合的非参数统计方法，适用于处理非线性和局部趋势（Qian et al.，2000）。该方法分为进行组分分解的内部环过程（图 4.8）和进行稳健性估计的外部环过程，该方法的详细介绍可参见梁中耀等（2014）。

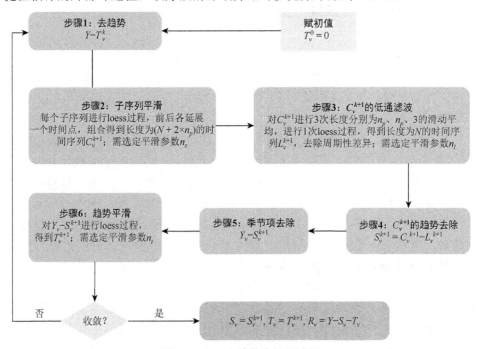

图 4.8　STL 方法的内部环过程

$$Y_t = T_t + S_t + R_t \tag{4.10}$$

式中，t 为时间序列的时刻；Y 和 T、S、R 分别为原始时间序列和分解后的趋势项、周期项、残差项。

4.2　水　质　模　型

4.2.1　三维水动力-水质模型简介

本章采用的水质模型为三维水动力-水质（IWIND-LR）模型。该模型包含三维水动力、温度动力学和内部耦合的水质模型模块，能够方便地实现对湖泊内部水动力学特征和水质动态过程的时空精确模拟，对污染物进入湖泊后的生命周期进行追踪。该模型具有操作简便和灵活快捷的特点，已被应用于支撑水质污染防治的决策（王冰等，2016）。IWIND-LR 模型可模拟 26 个水质变量，可同时模拟底泥与水体之间的营养盐交换及底泥对溶解氧的动态作用；基于物质守恒定律，IWIND-LR 模型能够模拟物理输送、大气交换、吸附解析、藻类吸收、底泥-水界面交换、硝化和反硝化、沉积成岩等过程，其核心控制方程（邹锐等，2017）为

$$\frac{\partial C}{\partial t} = \frac{\partial (uC)}{\partial x} + \frac{\partial (vC)}{\partial y} + \frac{\partial (wC)}{\partial z} + \frac{\partial}{\partial x}\left(K_x \frac{\partial C}{\partial x}\right) + \frac{\partial}{\partial y}\left(K_y \frac{\partial C}{\partial y}\right) + \frac{\partial}{\partial z}\left(K_z \frac{\partial C}{\partial z}\right) + S_C$$

$$\tag{4.11}$$

式中，C 为水体中状态变量的浓度；u、v、w 分别为水体在 x、y、z 方向的分速率；K_x、K_y、K_z 分别为水质变量在 x、y、z 方向的湍流扩散系数；S_C 为内部和外部的源汇项。上式表示水体中变量浓度的变化受到各个方向平流传输、湍流扩散及源汇项的影响。在一阶反应动力学中，S_C 可表示为

$$S_C = k \times C + R \tag{4.12}$$

式中，k 为一阶反应的动力学速率；R 为由于外部负荷和内部反应引起的源汇项。

本书以滇池外海作为案例地。由第 2 章可知，滇池的湖泊富营养化问题已经成为制约滇池流域社会经济发展的瓶颈，开展富营养化治理刻不容缓。科学精确的水质模型能够为流域负荷削减和湖泊污染防治提供重要依据，而本书提出的非线性和时滞性识别方法则可为认知滇池湖泊系统的特征和负荷削减的效果提供合理的预期。基于前期本研究团队开发并经校正和验证过的滇池模型（Zou et al.，2018），采用基于模型的扰动分析法，探究滇池外海水质对负荷削减响应的非线性和时滞性特征。

本书使用的滇池 IWIND-LR 模型将滇池外海垂向划分为 6 层，每层划分为 664 个网格，总计 3984 个网格单元。模型的边界条件包括侧边界条件和大气边界

条件：侧边界条件主要为出入湖、河流的流量和负荷输入，入湖负荷采用 LODEST 模型进行估算（盛虎和郭怀成，2015），河流 DO 和水温根据监测数据进行估算。设定降水中磷酸盐和硝态氮浓度分别为 0.04mg/L 和 0.7mg/L，分别作为 P 和 N 大气沉降项。大气边界条件包括气压、气温、相对湿度、降水、蒸发、太阳辐射、云层覆盖、风速和风向等。数据来源于当地气象站。设定模型计算步长为 30s。

　　模型准确拟合了水温的变化特征，较好地捕捉到了 TP 浓度趋势，很好地拟合了 NH$_3$-N、NO$_3$-N、Chla 的季节性变化特征和趋势。据此，认为该模型能够较好地模拟 N 和 P 元素在湖体内部的各个迁移转化过程，是一个可靠的模型，可用于采用扰动分析法识别湖体 TN 与 TP 对外源负荷削减响应的非线性和时滞性特征。

　　在 IWIND-LR 模型中，可通过对全湖所有网格进行积分获取状态变量的存量（式 4.13）：

$$M(i,t) = \iiint c(i,t,x,y,z)\mathrm{d}x\mathrm{d}y\mathrm{d}z \qquad (4.13)$$

式中，$M(i,t)$ 为 i 组分在 t 时刻全湖存量；$c(i,t,x,y,z)$ 为 t 时刻某个网格中 i 组分的浓度。N 元素的各个组分存量包括藻类体内氮（Algae_N）、颗粒有机态氮（PON）、溶解有机态氮（DON）、NH$_3$-N 及 NO$_3$-N；P 元素的各个组分存量包括藻类体内的磷（Algae_P）、颗粒态有机磷（POP）、溶解性有机磷（DOP）及磷酸盐态磷（PO$_4$-P）。此外，通过对 N、P 在湖泊不同过程的各个网格进行积分，还可获得 N、P 元素在湖泊中外源输入、内源释放、大气沉降、湖泊沉降和出流等过程的通量，详见邹锐等（2017）。

4.2.2　情景设置

　　根据 4.1 节的响应非线性和时滞性识别方法，设置 4 类情景（表 4.2）：基准情景、削减强度情景、削减分配情景、协同削减情景。情景个数分别为 1、8、8、4，总计有 21 个情景。其中，后 3 类情景均为扰动情景。

表 4.2　情景设置汇总

情景类别	情景设置
基准情景	1 个情景，重复使用基准年的入湖负荷，运行 3240 天
削减强度情景	8 个情景，TN 和 TP 各 4 削减情景，分别对第一年负荷削减 20%、40%、60%、80%，其余时间的负荷削减与基准情景一致，其他边界条件与基准情景一致
削减分配情景	8 个情景，TN 和 TP 各 4 削减情景，负荷削减总量为一年负荷量的 80%，分 1 年、2 年、3 年、4 年削减，对应每年削减 80%、40%、27%、20%，其余时间的负荷削减与基准情景一致，其他边界条件与基准情景一致
协同削减情景	4 个情景，分别同时对 TN 和 TP 第一年负荷削减 20%、40%、60%、80%，其余时间的负荷削减与基准情景一致，其他边界条件与基准情景一致

为了识别水质对负荷削减的非线性响应，可根据任意扰动情景与基准情景的水质响应获得扰动效应曲线。本案例中，选择第一年 TN 和 TP 负荷削减 80%作为扰动情景，识别在这两种情景下湖泊水质对负荷削减的非线性响应特征。为了识别负荷削减效果对负荷削减的非线性响应，需要根据各类扰动情景与基准情景的水质响应获得扰动效应曲线，比较不同扰动效应曲线之间的关系：①削减强度的非线性响应识别。根据削减强度情景与基准情景获得对应的扰动效应曲线，得到在第一年营养盐负荷削减强度为 20%的基础上，逐次增加的 20%的负荷削减对应的效果；比较每 20%负荷削减的边际效应，若边际效应相同，则表明营养盐存量对于削减强度不存在非线性响应。②削减分配的非线性响应识别。根据削减分配情景与基准情景获得对应的扰动效应曲线，比较不同削减策略的效果，若效果相同则表明营养盐存量对于削减分配不存在非线性响应。③协同削减的非线性响应识别。根据协同削减情景与基准情景获得分别削减和同时削减 TN 和 TP 的扰动效应曲线，比较同时削减效果是否为分别削减效果之和，若二者一致则表明营养盐存量对于 N、P 协同削减不存在非线性响应。响应时滞性的识别根据扰动效应曲线，结合 STL 方法进行分析。

本书采用的基准情景以基准年滇池外海的入湖负荷为输入（边界条件均重复基准年的边界条件），基于计算机硬件条件，对每个情景运行 3240 天（一年以 365 天计），获得了不同形态的氮和磷存量的结果，以及不同过程的通量结果（表 4.3），数据输出频次为每天一次。将全部营养盐形态存量加和可得营养盐存量。通过基准情景与扰动情景水质响应曲线的比较，可方便地获取扰动效应曲线（基准情景的存量减去扰动情景的存量）。通量结果可用于探究非线性和时滞性响应特征的驱动因素。

表 4.3　IWIND-LR 模型的输出结果

元素	存量	过程通量
N	Algae_N PON DON NH$_3$-N NO$_3$-N	外源输入（Algae_N、PON、DON、NH$_3$-N、NO$_3$-N） 湖泊沉降（Algae_N、PON） 底泥释放（底泥释放的 NH$_3$-N、NO$_3$-N） 固氮效应 反硝化反应 大气沉降 出流（Algae_N、PON、DON、NH$_3$-N、NO$_3$-N）
P	Algae_P POP DOP PO$_4$-P	外源输入（Algae_P、POP、DOP、PO$_4$-P） 湖泊沉降（Algae_P、POP） 内源释放（底泥释放的 PO$_4$-P） 大气沉降 出流（Algae_P、POP、DOP、PO$_4$-P）

4.2.3　基准情景下的水质响应

4.2.3.1　外源入湖负荷

基准情景重复了基准年外海的入湖负荷，输入以天为单位（图 4.9）。TN 和 TP 的入湖负荷均没有明显的季节性变化趋势，年内波动较大。TP 的入湖负荷从 4 月开始突增，而到 6 月则陡然降低，这可能是降雨在年内的初始冲刷作用造成的。一般而言，降雨的初始冲刷作用是指降雨的最初小部分径流携带整个降雨事件中的大部分污染物负荷的现象（郭怀成等，2013b）。同样，陆地在旱季积累了较多的污染物，使得雨季来临后的初始几场降雨中携带了大部分的污染物负荷，而 6 月后的降雨尽管雨量很大但污染物的负荷较小，从而导致了 TP 入湖负荷在 4～6 月呈现先突增后陡降的特征。

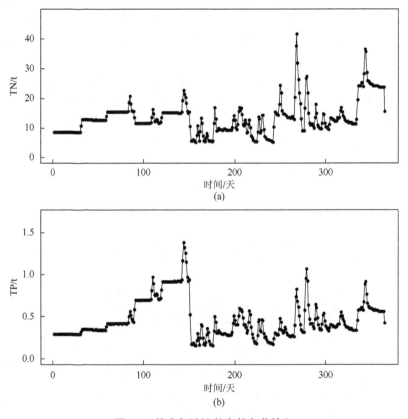

图 4.9　基准年滇池外海的负荷输入

计算可得 TN 的年入湖负荷量为 4916t，以 Algae_N、PON、DON、NH₃-N 和 NO₃-N 5 种形态进入湖泊，所占比例分别为 0.0%、18.2%、61.2%、12.3%、8.3%，

可见 DON 是 N 元素进入湖泊的主要形态。TP 的年入湖负荷量为 170t，以 Algae_P、POP、DOP 和 PO$_4$-P 4 种形态进入湖泊，所占比例分别为 0.0%、16.7%、47.2%和 36.1%，可见，DOP 和 PO$_4$-P 是 P 元素进入湖泊的主要形态。

4.2.3.2 水质响应的趋势

按照基准情景的负荷输入和边界条件，模型运行了 3240 天得到了不同形态营养盐的存量和通量。图 4.10 给出了在基准情景下湖泊 TN 和湖泊 TP 存量的结果。可见，上述水质指标均存在明显的上升趋势。计算可得，湖泊 TN 的平均存量在第 1 年和第 8 年分别为 2782.3t、4186.9t，增长速率为 200.7t/年；湖泊 TP 的平均存量分别为 217.6t、462.4t，增长速率为 35.0t/年。从增长的比率来看，湖泊 TN 和湖泊 TP 存量在 8 年内分别增长了 50.5%、112.5%，可见湖泊 TP 存量的增长比率最大。从其他组分的变化趋势来看，PON、DON、NH$_3$-N 的存量均有明显的上升趋势，而 NO$_3$-N 具有明显的下降趋势；POP、DOP、PO$_4$-P 均具有明显的上升趋势。通过对 N、P 元素在湖泊中各个过程通量的核算，可知 NO$_3$-N 存量的降低

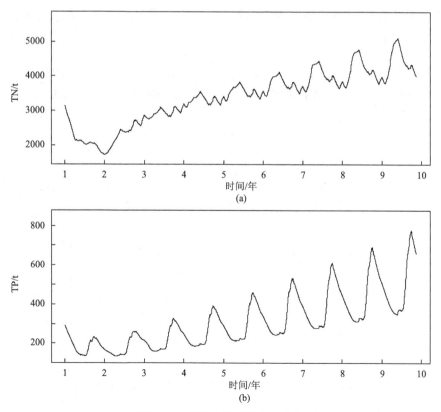

图 4.10 基准情景下的水质响应

趋势主要是由反硝化作用导致的,例如,在第 6 年反硝化通量高达 4197t,而 NO_3-N 未得到及时的补给,使得尽管 TN 的存量在增加,但 NO_3-N 存量降低。

4.2.3.3　水质响应的周期性特征

从图 4.10 可知,湖泊 TN 和 TP 存量具有明显的季节周期性特征。为了去除趋势对周期性特征的影响,采用 STL 方法对原始时间序列进行分解,获得去除趋势项和残差项的周期序列。选择第 6 年的周期序列分析湖泊 TN 和 TP 存量的周期性特征,对该时间序列进行归一化变换 [式 (4.14)],结果见图 4.11。TN 的存量呈现春季、夏季高而秋季、冬季低的特点;与之相反,TP 的存量则呈现春季、夏季低而秋季、冬季高的特点。由于藻类在夏、秋季节生长,吸收了大量的 N、P 元素,藻类生长后期的沉降作用使得湖体 TN 存量在秋季、冬季降低;尽管藻类沉降也使得湖体 TP 存量降低,但是水体底部有机物的分解作用造成了局部低氧环境,有利于底泥中 P 元素的释放,使得湖体 TP 存量在秋、冬季总体上呈现上升的规律。对 N 元素的过程通量分析显示,春季较强的固氮作用和秋季较强的反硝化作用也是形成湖体 TN 存量季节性特征的重要原因,对 P 元素的过程通量分析支撑了上述推论。

$$y_t = \frac{x_t - \min(X)}{\max(X) - \min(X)} \tag{4.14}$$

式中,x_t 和 y_t 分别为 t 时刻原始数据和归一化后的数据;X 为原始变量的时间序列,归一化后的数据满足 $0 \leqslant y_t \leqslant 1$。

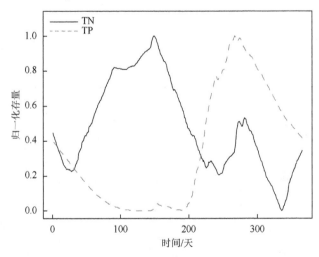

图 4.11　基准情景第 6 年营养盐存量的归一化时间序列

不同形态的营养盐的时间序列变化在年内具有很好的互补性 (图 4.12):对于

TN 的各个组分而言，Algae_N 与 NH$_3$-N 存量在春季的变化具有互补特征，DON 和 NO$_3$-N 在夏季的变化具有很好的互补特征；对于 TP 的各个组分而言，PO$_4$-P 与其他形态的 P 具有相反的周期性特征，这可能是秋季和冬季 PO$_4$-P 的大量释放导致的。对于湖体 TN 存量而言，DON 的比例处于绝对主导地位；而对于湖体 TP 存量而言，春季和夏季以 DOP 为主，秋季和冬季则以 PO$_4$-P 为主。

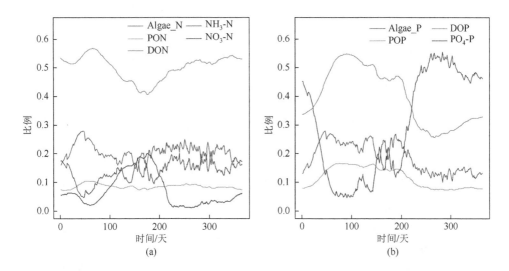

图 4.12　基准情景第 6 年营养盐各组分的归一化时间序列（见书后彩图）

4.3　响应非线性特征识别

4.3.1　负荷削减的非线性响应

分别选择 TN 和 TP 持续一年削减 80%作为扰动情景，采用扰动分析法识别滇池外海水质对流域负荷削减响应的非线性特征。根据 IWIND-LR 模型，可获得在扰动情景下湖泊不同形态 N、P 元素的存量。用基准情景的存量减去扰动情景的存量，即可获得不同扰动情景对应的扰动效应曲线。图 4.13 展示了流域 TN 负荷削减 80%时湖体 TN 存量［图 4.13（a）］和 TP 负荷削减 80%时湖体 TP 存量［图 4.13（b）］的扰动效应曲线。图中纵坐标为存量的差值，正值表示基准情景高于扰动情景；横坐标为以年为单位的时间，扰动效应曲线以天为单位拟合而出。

总体而言，两种营养盐形态的扰动效应均具有先上升后下降的趋势。从季节性特征来看，与基准情景下湖泊的 P 存量存在季节性差异一致，扰动效应曲线也存在明显的季节性差异。不同形态营养盐峰值出现的时刻不同，TN 在负荷削减结束之后达到峰值，TP 则在负荷削减结束之前就达到峰值，这可能是 N、P 在湖体迁移转化过程的季节性特征导致的。TN、TP 存量的扰动效应曲线之间的最大区别在于 TN 元素的扰动效应曲线从第 3 年开始很快地趋向于 0，而 TP 的扰动效应曲线在第 2 年之后呈现季节性波动状态且没有趋向于 0 的趋势。

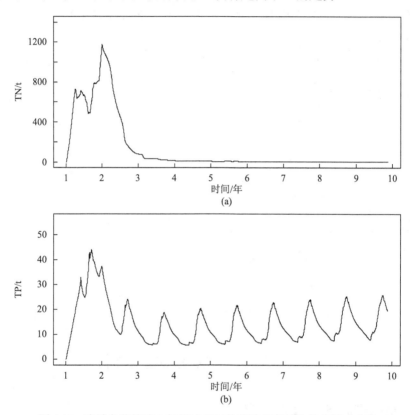

图 4.13　流域负荷持续 1 年削减 80% 的营养盐存量的扰动效应曲线

　　营养盐的各个过程通量对于理解扰动曲线的上述特征具有重要意义。根据模型输出的通量结果，可比较扰动情景与基准情景营养盐过程通量。计算可得，第 1 年基准情景与扰动情景 TN 的沉降、释放、固氮、反硝化、大气沉降、外源输入和出流通量的差异分别为 -599t、-148t、-364t、-1618t、0t、3920t 和 -10t，可见湖体 TN 存量的差异主要是基准情景外源输入的增加导致的，其他各项（除大气沉降）均不同程度地使得存量差异减小，尤其是反硝化作用的增强使得 TN 在基准情景下比在扰动情景下多去除了 1618t。在第 1 年基准情景与扰动情景下 TP 的沉降、释放、大气沉降、外源输入和出流通量差值分别为 -38.9t、-51.9t、0.0t、129.1t 和 -0.9t，可见基准情景外源输入的增加使得 TP 的输入增加了 129.1t，而湖体沉降过程的增加和内源释放过程的降低，则使得 TP 被多去除（或少释放）了 90.8t。

　　由于湖体 TP 存量的扰动效应曲线在负荷削减停止多年以后仍然没有趋向于 0,
通过计算年通量可对上述规律进行解释。以第 6 年为例,分别计算出在基准情景
和扰动情景下 P 元素各个过程的通量,发现二者差异集中在湖体沉降和内源释放
两项上,基准情景的湖体沉降比扰动情景多 8.5t,而比内源释放多 9.6t,使得在削
减停止多年以后扰动情景的 TP 净输入略低,湖体 TP 存量的扰动效应曲线不仅没
有趋向于 0,反而更加偏离于 0。需要注意的是,湖体 P 元素的内源释放过程在负
荷削减时期和停止削减后具有不同的特征:在负荷削减时期,基准情景的内源释
放低于扰动情景,降低了负荷削减的影响;在停止削减多年以后,基准情景的内
源释放则高于扰动情景,从而增强了负荷削减的影响。该现象可能是基准情景具
有较高的藻类浓度,藻类残体进入底泥能够促进 P 的释放造成的。值得注意的是,
湖体 TP 存量差异在负荷削减停止多年以后具有季节性变化特征,且峰值出现在
9 月附近,比较基准情景和扰动情景从第 6 年的第 1 天到第 270 天的通量差异,
发现基准情景比扰动情景多沉降了 7.8t,且多释放了 17.7t,其他 3 个过程差异极
小,可见内源释放过程是导致湖体 TP 存量差异季节性变化的主要原因。

　　根据式(4.4)~式(4.6)可得 TN 和 TP 的 ϕ、κ、ψ(图 4.14)。总体而言,
负荷削减时期和负荷削减停止后的两年内各个系数具有较大的波动,其后均有较
为稳定的趋势。以 1 年为时段的 TN 和 TP 的 ϕ 分别为 86.9% 和 59.8%,κ 分别为
30.0% 和 29.0%,ψ 分别为 143.8% 和 90.5%。

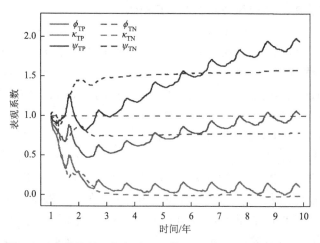

图 4.14　负荷持续 1 年削减 80% 的 ϕ、κ 和 ψ(见书后彩图)

　　去除季节性波动,TN 的 ϕ 呈现先下降后稳定的趋势,稳定时的 ϕ 为 0.776,
表明流域 TN 负荷削减实际上导致进入湖体的 TN 质量减少量为负荷削减量的 0.776
倍;TP 的 ϕ 则呈现先下降后上升的趋势,尽管在下降阶段 ϕ 的下降幅度高于 TN,
但是在第 500 天左右突然呈现上升趋势,且在 2500 天左右高于 1,从短时间来看,

流域 TP 负荷削减的效果（见效应曲线）小于流域负荷削减量，但从长时间来看，其导致进入湖体 TP 的削减量却高于负荷削减量。这是在流域负荷削减结束后基准情景底泥释放持续高于扰动情景的底泥释放造成的。

TN 和 TP 的 κ 均具有下降的趋势，表明负荷削减的效应随着时间的增加而降低，不同的是 TN 在第 1000 天左右即趋近于 0，表明第 1 年的 TN 削减效果被完全移除，而 TP 却仍然保持季节性的波动特征，计算可得，其平均值约为 8.6%，表明即便在很多年后，第 1 年的 TP 削减仍然会导致湖体 TP 存量每年 11.7t 的减少。

TN 和 TP 的 ψ 均首先经历了较为短暂的值小于 1 的阶段，本书将这种现象称为负荷输入增加（基准情景相对于扰动情景为负荷增加）导致的湖泊系统"懒惰现象"，即外源负荷输入的增加导致湖泊各个过程通量之和变小的现象。以 TP 为例，在第 365 天 ψ 为 0.905，相对于扰动情景而言，基准情景外源负荷输入增加了 129.1t，湖体沉降增加了 38.9t，而内源释放却减少了 51.9t，出流增加了 0.9t，总通量减少了 12.9t。其后，随着时间的增加，过程通量增加，ψ 开始增加并超过 1。TN 的 ψ 最后稳定在 1.544，可简单地认为相对于扰动情景而言，基准情景多进入的 TN 负荷中的 54.4% 经过了一次循环后离开湖体，而剩余的 45.6% 则未经任何循环离开湖体；TP 的 ψ 一直有升高的趋势，这是负荷削减结束后一直活跃的湖体沉降和内源释放过程导致的，计算可得其年平均增长速率约为 18.1%，可认为这部分负荷一直参与了湖体循环而未离开湖体。

综上所述，本书定义的 ϕ、κ、ψ 从多个角度揭示了水质对负荷削减响应的非线性特征，负荷削减并不能引起湖泊等量的负荷输入降低（大多数情况 $\phi<1$），也不能使得湖体存量发生等量的降低（$\kappa<1$），而增加的负荷输入对湖泊全部过程通量的影响超过其通量本身（$\psi>1$）。此外，湖体 TN 和 TP 对负荷削减响应的非线性特征具有明显的差异。

研究表明，TN 的削减可能会对 TP 的存量产生影响，而 TP 的削减也可能对 TN 的存量产生影响（Cottingham et al.，2016）。因而，本书还探究了 TN 削减 80% 时湖体 TP 存量的变化，以及 TP 削减 80% 时湖体 TN 存量的变化（图 4.15）。结果表明，TN 削减会导致湖体 TP 存量在较短时间内的较大波动，而从长时间来看这种影响非常小；TP 削减也会导致湖体 TN 存量在较短时间内产生较大的波动且存在较长时间的正向影响，即削减 TP 负荷会导致湖体 TN 存量的降低。

通过对营养盐各个过程通量的分析，发现 TN 负荷削减会在短时间内影响 TP 的湖体沉降和内源释放过程，而不会对各个过程产生长期较大影响；TP 负荷削减则会影响 TN 的湖体沉降、内源释放、固氮和反硝化过程，使得上述过程通量均降低。在 TP 负荷削减初期，基准情景湖体 TN 存量小于扰动情景（如第 210 天），此时基准情景内源释放和固氮增加导致的 TN 输入增加小于湖体沉降和反硝化导

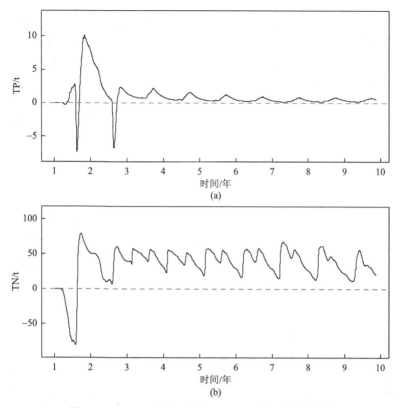

图 4.15　TN(TP)削减对湖体 TP(TN)存量减少的影响

致的 TN 输出；其后，基准情景内源释放和固氮增加导致的 TN 输入增加大于湖体沉降和反硝化导致的 TN 输出，使得基准情景湖体 TN 存量高于扰动情景。

4.3.2　削减强度的非线性响应

通过设定不同的负荷削减强度情景，采用扰动分析法还可识别负荷削减强度的非线性特征。以负荷削减持续 1 年，削减强度分别为 20%、40%、60%、80% 作为扰动情景，通过基准情景的营养盐存量减去扰动情景的营养盐存量，即可得湖体 TN 和 TP 存量的扰动效应曲线（图 4.16），正值表示基准情景高于扰动情景。由图可知，除极少数情况外，基准情景的营养盐存量高于或等于扰动情景，当削减强度为 20%～80% 时均会使得湖体营养盐存量在特定的时段降低。对同一种营养盐存量而言，不同削减强度对应的扰动效应曲线在数值上存在较大差异，但曲线形状类似，未出现较大的突变：①削减强度未改变扰动效应曲线的总体变化趋势，在不同的削减强度下营养盐存量仍然具有先上升后下降的趋势；②削减强度未改变扰动效应曲线的季节性特征，TN 仍然不具有明显的周期性，TP 在不同的削减强度下分别具有相同的周期性波动，且峰值所在的季节未发生变化；③削减强度未改变各种营养盐存量扰动效应曲线各自的变化特征，湖体 TN 存量的扰动效应曲线在负荷削减结束后很快地趋向于 0，TP 的扰动效应曲线则具有周期性波动特征，湖体 TP 存量的扰动效应曲线的季节性峰值具有升高的趋势。

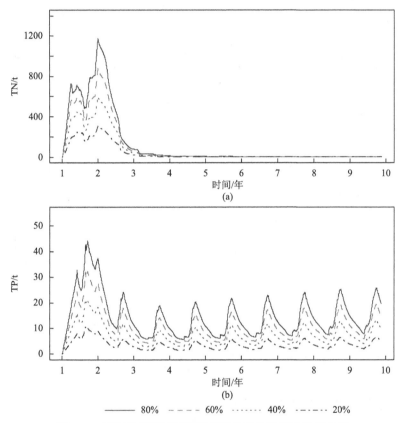

图 4.16 不同负荷削减强度时营养盐存量的扰动效应曲线

尽管从扰动效应图上可知，随着削减强度的增加营养盐存量的差异变大且不同削减强度的扰动效应曲线形状一致，但尚无法判定负荷削减效果与负荷削减强度之间的非线性特征。根据不同削减强度的扰动效应曲线，可计算得出负荷削减比例每增加一定比例时对应的效应，即负荷削减强度的边际扰动效应曲线：对不同的营养盐而言，分别以负荷削减 20%的扰动效应曲线、负荷削减 40%的扰动效应曲线减去负荷削减 20%的扰动效应曲线、负荷削减 60%的扰动效应曲线减去负荷削减 40%的扰动效应曲线及负荷削减 80%的扰动效应曲线减去负荷削减 60%的扰动效应曲线为负荷强度每增加 20%时对应的边际扰动效应曲线。如果各条边际扰动效应曲线重合，则表明负荷削减强度对负荷削减效果没有非线性影响；否则表明存在非线性特征。

湖体 TN 和 TP 存量对应的每削减 20%负荷时的边际扰动效应曲线见图 4.17。①对湖体 TN 存量而言，初始削减 20%的边际效应包络在其他曲线之外，边际效应满足 20%削减＞40%削减＞60%削减＞80%削减的规律，表明 TN 负荷削减效果存在边际效应递减的规律，即随着削减强度的增加，单位强度的削减对应的效果逐渐减小；4 条边际曲线的差异主要出现在第 90～第 270 天，其次在第 380～第 670 天也有差异，这些差异体现了负荷削减强度对负荷削减效果具有明显的影响，表明湖体 TN 存量对负荷削减强度的响应具有非线性特征；其后的时段几乎没有差异。②对于湖体 TP 存量而言，4 条边际曲线差异不大，表明负荷削减强度对于负荷削减效果没有显著的响应，湖体 TP 存量对负荷削减强度不存在非线性响应。

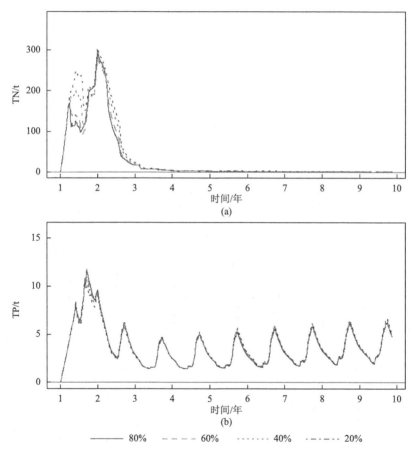

图 4.17 不同负荷削减强度下每增加 20%削减率的边际效应曲线

湖体 TN 存量和湖体 TP 存量在不同负荷削减强度下的 ϕ、κ、ψ 见图 4.18。对 TN 而言，不同削减强度对应的 ϕ、κ、ψ 在第 1 年略有差异，且均随着削减强度的增加而降低，表明随着削减强度的增加，单位强度负荷的削减对水体的影响变小，这与边际扰动效应曲线得到的结论一致。对 TP 而言，不同削减强度对应的 ϕ、κ、ψ 几乎一致，表明削减强度对 TP 负荷削减的表观效果没有影响。从长期来看，无论是 TN 还是 TP 的 ϕ、κ、ψ 均不存在明显差异，表明从长期来看，负荷削减强度不会影响负荷削减效果，即水质改善效果与负荷削减强度是成比例的（可用没有截距项的线性方程表示）。

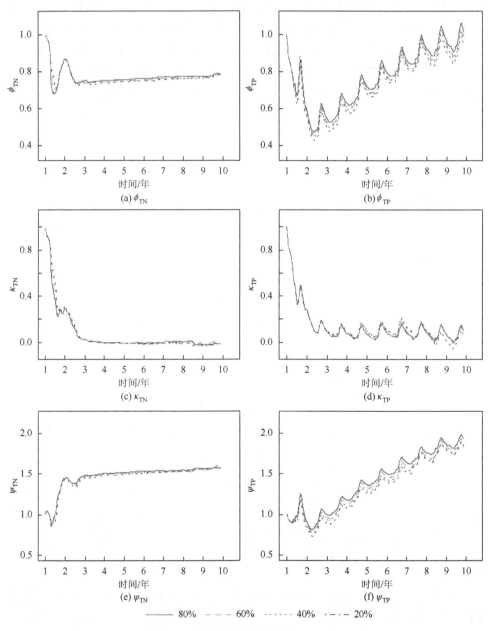

图 4.18　不同负荷削减强度的 ϕ、κ 和 ψ

4.3.3　削减分配的非线性响应

设定流域负荷削减量为一年负荷输入的 80%，分别持续 1 年、2 年、3 年和 4 年进行削减，每年的削减比例为 80%、40%、27% 和 20%，将其作为扰动情景，即可采用扰动分析法分析在控制削减总量一定的情况下，负荷削减在时间分配上的差异是否会引起水质的非线性响应。将基准情景的湖体 TN 和 TP 存量与扰动情景相应的营养盐存量相减即可获得不同负荷削减分配条件下的扰动效应曲线（图 4.19），其代表了相应的负荷削减效果。由图可知，①在总体上，营养盐存量的扰动效应曲线存在先升高后降低的趋势，表明负荷削减的效果先增加后减小；②当负荷削减年数超过 1 年时，扰动效应曲线在负荷削减的年份存在季节性波动，且波动形状不是负荷削减为 1 年时扰动效应曲线的重复，这体现了负荷削减的累积效应；③当削减年数为 3 年和 4 年时，湖体 TN 存量的峰值均出

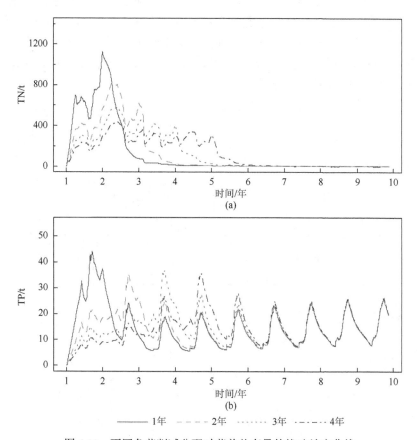

图 4.19　不同负荷削减分配时营养盐存量的扰动效应曲线

现在第 2 年，表明这两种情景下第 2 年以后的负荷削减未使得负荷削减效果继续变好，即第 3 年和第 4 年负荷削减的边际效应为负值，维持原有的负荷削减强度并不能维持原有的负荷削减效果，而湖体 TP 存量的峰值则均出现在削减的最末年，即 TP 的持续削减能够累积使得水质削减效果变好，进行负荷削减年份的边际效应为正值；④尽管负荷削减的分配差异使得营养盐存量的扰动效应曲线在前 5 年具有较大的差异，然而从第 6 年开始不同负荷削减分配策略对应的扰动效应曲线便重合在一起，表明负荷削减分配对负荷削减的长期效果没有影响。因而，从长期来看负荷削减分配不会影响负荷削减效果，即水质对负荷削减分配不存在非线性响应。

　　在不同的负荷削减分配情境下，TN 和 TP 的 ϕ、κ、ψ 见图 4.20。前 5 年，TN 和 TP 的 ϕ 在不同的负荷削减分配情景下差异很小；κ 存在一些差异，削减 1 年 80% 的情景对应的 κ 最小而削减 4 年 20% 的情景对应的 κ 最大；ψ 也存在一些差异，削减 1 年 80% 的情景对应的 ψ 最小而削减 4 年 20% 的情景对应的 ψ 最大。从第 6 年开始，在不同的负荷削减分配情景下 TN 和 TP 的 ϕ 和 κ 分别几乎重合，表明从长期来看不同的负荷削减分配对这两个指数的影响很小；ψ 存在一些差异，削减 1 年 80% 的情景对应的 ψ 最大，削减 4 年 20% 的情景对应的 ψ 最小。计算可得，不同情景的 ψ 之间的差异都在 5% 以内，因而从长期来看，可认为负荷削减分配对负荷削减效果几乎没有影响。

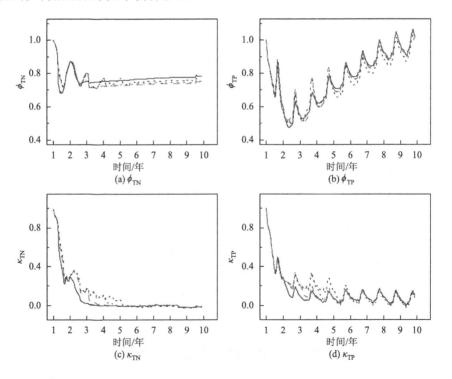

(a) ϕ_{TN}　　　　　　　　　　(b) ϕ_{TP}

(c) κ_{TN}　　　　　　　　　　(d) κ_{TP}

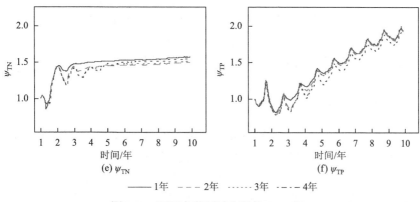

(e) ψ_{TN}　　　　　　　　　　　　(f) ψ_{TP}

—— 1年　– – – 2年　……… 3年　– · – 4年

图 4.20　不同负荷削减分配的 ϕ、κ 和 ψ

结合研究负荷削减强度非线性响应的情景设置，本书还比较了在 1 年削减 40%
和持续 2 年削减 40% 情景下的 TN 和 TP 的 ϕ、κ 和 ψ（图 4.21），结果发现：在负荷

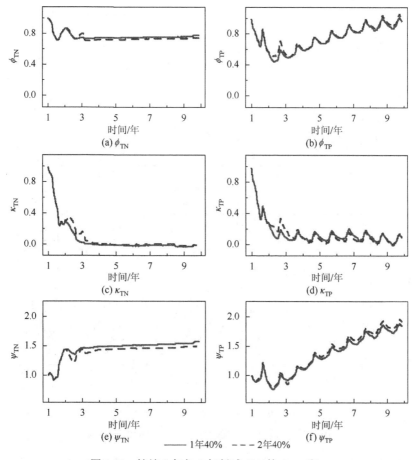

(a) ϕ_{TN}　　　　　　　　　　　　(b) ϕ_{TP}

(c) κ_{TN}　　　　　　　　　　　　(d) κ_{TP}

(e) ψ_{TN}　　　　　　　　　　　　(f) ψ_{TP}

—— 1年40%　– – – 2年40%

图 4.21　持续 1 年与 2 年削减 40% 的 ϕ、κ 和 ψ

削减结束前，3 个指数之间存在较小的差异，而负荷削减结束之后，ϕ 和 κ 曲线几乎重合，尽管 ψ 之间存在差异，但是这些差异均在 5% 以内。综合上述结果，负荷削减分配对负荷削减效果的影响很小，可认为不存在削减分配的非线性响应。

4.3.4　协同削减的非线性响应

为了研究 TN 和 TP 协同削减对湖体营养盐存量的影响，需要设定 TN 和 TP 同时削减的扰动情景，与研究水质对负荷削减强度响应的非线性特征一致，分别设定削减强度为 20%、40%、60% 和 80%，持续削减 1 年。采用基准情景的营养盐存量减去协同削减情景的营养盐存量，即可获得协同削减情景对应的扰动效应曲线（图 4.22）。由图可知，扰动效应曲线在总体上呈现先增长后降低的趋势；不同削减比例的扰动效应曲线形状类似；削减强度越高，扰动效应曲线值越高，即营养盐存量相对于基准情景的差异越大。

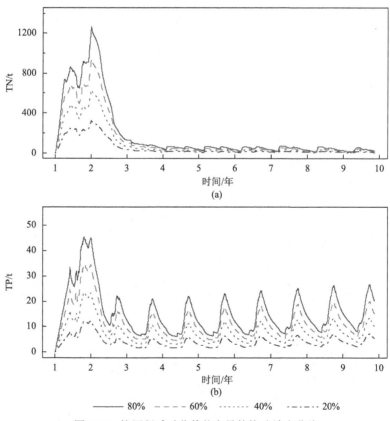

图 4.22　协同削减时营养盐存量的扰动效应曲线

由于削减 TN 负荷会对湖体 TP 存量产生影响，削减 TP 负荷也会对湖体 TN

存量产生影响（Cottingham et al.，2016），因而欲得到协同削减相对于分别削减的扰动效应曲线，需用 N 和 P 协同削减获得的扰动效应曲线减去 N 和 P 分别削减获得的扰动效应曲线之和，扰动曲线的差异见图 4.23。由图可知，在前 2 年，N 和 P 协同削减效果与分别削减效果之间存在较大差异：①协同削减对于湖体 TN 存量的降低具有正向作用，协同削减促进了湖体 TN 存量的降低，协同削减强度越大，湖体 TN 存量降低幅度越大；②协同削减对于湖体 TP 存量的降低具有反向作用，协同削减抑制了湖体 TP 存量的降低，使得湖体 TP 存量在第 1 年升高。这些差异表明在短期内协同削减的效果不是分别削减效果的简单加和，水质对于协同削减的响应具有非线性特征。此外，协同削减导致湖体 TN 存量增加的幅度大约占基准情景的 10%，而湖体 TP 存量降低的幅度大约占基准情景的 5%，湖体 TN 存量增加的持续时间长于 TP 削减的持续时间。从长期来看，协同削减的效果即为分开削减效果的简单加和，因而不存在协同削减的非线性响应。

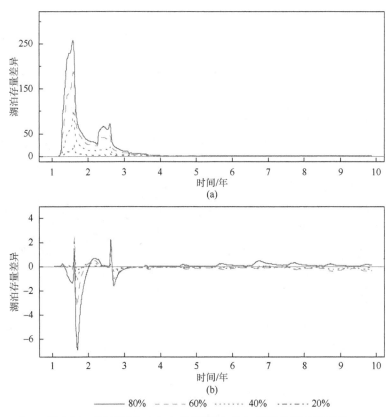

图 4.23　协同削减（a）与分开削减（b）营养盐存量的差异

对湖体 TN 存量而言，协同削减效果与分开削减效果差异的最大值出现在第 212 天，计算协同削减情景过程通量和分开削减情景过程通量并进行对比可知，差异主要体现在沉降、释放、固氮和反硝化 4 个过程，其他过程的差异很小，协同削减使得沉降过程增加了 41t、释放过程增加了 149t、固氮过程减小了 193t，以及反硝化过程增加了 175t，最终使得协同削减效果比分开削减效果降低了将近 258t。对湖体 TP 存量而言，协同削减效果与分开削减效果差异的最大值出现在第 254 天，计算协同削减情景过程通量和分开削减情景过程通量并进行对比可知，差异主要体现在沉降和释放两个过程，其他过程的差异很小，协同削减使得沉降过程增加了 3.0t 及释放过程增加了 9.9t，最终使得协同削减效果比分开削减效果增加了将近 6.9t。

TN 和 TP 在不同负荷削减强度下的 ϕ、κ 和 ψ 见图 4.24。协同削减时 TN 和 TP 的 κ 与分开削减时的 κ 相比稍有差异：TN 的 κ 没有分开削减时的较大波动，而是较

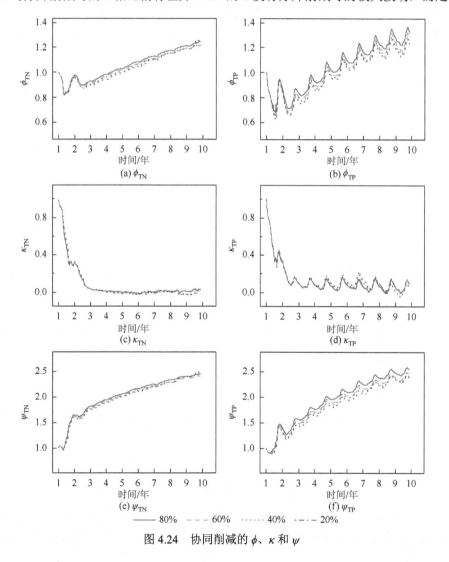

图 4.24　协同削减的 ϕ、κ 和 ψ

为平稳地下降，直到趋近于 0；TP 也呈现下降趋势，从第 3 年开始呈现季节性周期波动，但波动幅度较小，计算可得稳定后的平均值 κ 约为 8.6%，与分开削减时一致。TN 和 TP 的 ϕ 则与分开削减时的 ϕ 有很大差异：TN 的 ϕ 不再是经过波动后趋向于 77.6%，而是呈现上升趋势，并在第 4 年左右超过了 1；TP 的 ϕ 几乎没有下降的趋势，而是从第 1 年开始就具有上升的趋势，并在第 4 年左右超过了 1，且时刻早于分开削减时 TP 的 ϕ。TN 的 ψ 发生了很大的改变，最终不再稳定在 1.544 的比例，而是具有持续上升的趋势，TP 的表观循环仍然具有上升趋势，且趋势快于分开削减时的 ψ，表明相对于扰动情景，基准情景 TN 和 TP 的协同增加促进了 N 和 P 过程的活跃程度。

　　通过计算协同削减通量与分开削减通量之间的差异，可知 TN 的 ϕ 快速超过 1 的主要原因是湖体释放和固氮过程通量的增加，TP 的 ϕ 快速超过 1 的主要原因是湖体释放过程通量的减少；而 TN 的 κ 最终趋向于 0 的原因在于湖体沉降通量的增加及反硝化通量的增加抵消了内源释放和固氮过程的效应，TP 的 κ 最终趋于稳定的周期性变化的原因是释放过程抵消了湖体沉降通量的效应；而上述各个过程通量的增加均会对 ψ 产生促进作用。例如，到第 7 年 TN 的内源释放减少了 997t，固氮减少了 416t，而湖体沉降减少了 1108t，反硝化减少了 269t；TP 的内源释放减少了 40.6t，湖体沉降的减少抵消了上述作用；尽管 ϕ 的降低表明协同削减能够带来更高的负荷削减转化率，但是湖体内部过程抵消了上述效应。综上所述，协同削减在负荷削减时段内能够降低湖体 TN 存量，增加湖体 TP 存量；从长期来看能同时提高 TN 和 TP 的 ϕ 和 ψ，体现了协同削减对负荷削减效果的非线性影响。

　　此外，本书还分析了在协同削减情境下，负荷削减强度对负荷削减效果的影响。协同削减时湖体 TN 和 TP 存量对应的每削减 20% 负荷的边际扰动效应曲线见图 4.25。结果发现：①对湖体 TN 存量而言，初始削减 20% 的边际效应包络在其他曲线之外，边际效应满足 20% 削减＞40% 削减＞60% 削减＞80% 削减的规律，表明 TN 负荷削减存在边际效应递减的规律；4 条边际曲线的差异主要出现在第 90～第 270 天，其次在第 380～第 670 天。②对湖体 TP 存量而言，4 条边际曲线差异

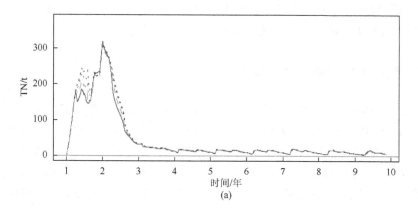

(a)

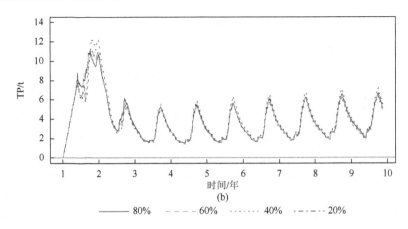

图 4.25　协同削减时每增加 20%削减强度的边际效应曲线

不大，表明负荷削减强度对于负荷削减效果没有显著的响应，不存在湖体 TP 存量对负荷削减强度的非线性响应。

4.4　响应时滞性特征识别

采用基于模型的扰动分析法得到的扰动效应曲线，可用于分析水质对负荷削减响应的时滞性特征；如 4.1 节所述，可得到负荷削减效应的 3 个时刻，即水质状态开始发生变化的时刻（t_s）、水质状态离基准情景最大的时刻（t_m）、水质状态与基准情景不再发生显著变化的时刻（t_e）或者水质状态趋势发生转折的时刻（t_c）。本节中，根据扰动效应曲线，首先识别出基准情景与扰动情景营养盐存量差异最大的时刻作为 t_m，将该时刻的存量差异记为 e_m，以 $0.05 \times e_m$ 作为 t_s 和 t_e 的判断依据，即选择从第 1 天开始最先达到 $0.05 \times e_m$ 的时刻作为 t_s；考虑负荷削减之后扰动曲线的波动性，以 t_m 之后最先达到 $0.05 \times e_m$ 且其后效应值均小于 $0.05 \times e_m$ 的时刻作为 t_e。对具有季节性周期的扰动曲线而言，采用 STL 方法对扰动效应曲线进行分析，获得扰动曲线的趋势项，并对 t_e 或 t_c 进行识别。

4.4.1　负荷削减效果的时滞时间

分别以 TN 和 TP 持续一年削减 80%为例，分析水质对负荷削减的时滞性特征。湖体 TN 和 TP 存量的扰动效应曲线见图 4.13。可采用前述方法求得 TN 的 t_s、t_m 和 t_e。由于 TP 的扰动效应曲线具有明显的季节性周期特征，因而直接根据扰动效应曲线可获得 t_s 和 t_m，而不能获得 t_e 或 t_c。为了获得 t_e 或 t_c，采用 STL 方法对 TP 的扰动效应曲线进行时间序列分析，去除周期项和随机扰动，获得趋势项

（图 4.26）。由图可知，在去除季节性周期项和随机扰动之后，湖体 TP 存量的扰动效应曲线具有先降低后升高的趋势，因而不存在 t_e，根据趋势项最低点所在的位置，可获得趋势的转折点 t_c。

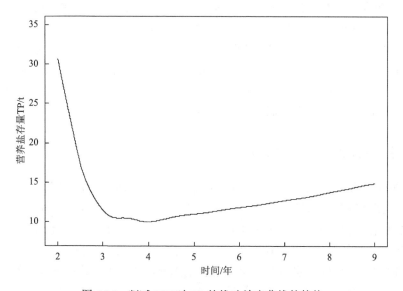

图 4.26　削减 80%时 TP 的扰动效应曲线的趋势

综合对扰动曲线的直接分析结果及扰动曲线趋势项的分析结果，可得营养盐负荷削减强度为 80%时与负荷削减时滞性相关的各个时间节点（表 4.4）。根据该表格可对负荷削减效果在时间尺度上进行定量描述：①TN 负荷开始削减后，经过 10 天湖体 TN 存量开始发生明显的降低，到第 366 天负荷削减效果达到最大值，相对于基准情景降低了 1179t，占基准情景的 40.7%，由于 TN 负荷削减仅持续了一年，其对湖体 TN 存量的影响在第 777 天基本消除；②TP 负荷开始削减后，经过 12 天湖体 TP 存量开始发生明显的降低，到第 259 天负荷削减效果达到最大值，相对于基准情景降低了 44t，占基准情景的 49.9%，尽管 TP 负荷削减仅持续了一年，其对湖体 TP 存量的影响在削减结束后呈现下降趋势，然而在第 1069 天其效应趋势发生转折，由下降变为上升，表明削减的 TP 负荷对湖体 TP 存量继续产生影响。

表 4.4　负荷削减 80%时的时滞时刻

营养盐	t_s/天	t_m/天	e_m/t	t_e/天	t_c/天
TN	10	366	1179	777	—
TP	12	259	44	—	1069

　　水质对 TN 和 TP 负荷削减的响应具有不同的时滞性特征。湖体 TN 存量对 TN 负荷削减的 t_m 晚于湖体 TP 存量对 TP 负荷削减的 t_m。TN 负荷削减效果对湖体 TN 存量的影响在负荷削减结束后较快地消失；而 TP 负荷削减效果对湖体 TP 存量的影响在负荷削减结束后则存在先降低后升高的趋势。这些结果表明 TN 负荷削减的效果能够较快地体现出来，而 TP 负荷削减的效果则可持续较长的时间，即流域 TP 负荷对水质影响的时滞效应长于 TN 对水质影响的时滞效应；也就是说，当前湖体 TN 存量受到多年以前负荷削减的影响较小，而当前湖体 TP 存量受多年以前负荷削减的影响较大，即水体 P 元素对流域 TP 负荷削减的记忆效应长于水体 N 元素对流域 TN 负荷削减的记忆效应。

4.4.2　削减强度对时滞时间的影响

　　根据不同负荷削减强度下营养盐存量的扰动效应曲线（图 4.16），可分析削减强度对负荷削减时滞效应的影响。对于湖体 TP 存量同样需要采用 STL 方法抽取扰动效应曲线的趋势项，结果见图 4.27。由图可知，负荷削减强度对扰动曲线的波动有较大的影响：负荷削减强度越大，波动幅度越大，转折点前后曲线的变化速率也较大；负荷削减强度对趋势项形状的影响不大，4 条扰动效应曲线的趋势项均存在先降低后升高的趋势，且转折点的位置相互接近。

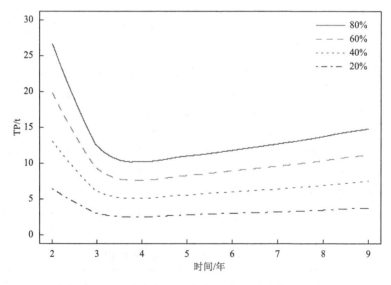

图 4.27　不同负荷削减强度时 TP 扰动效应曲线的趋势

　　根据不同负荷削减强度下的扰动效应曲线及 STL 方法分析的结果，将在不同情景下扰动曲线的时滞时刻结果总结为表 4.5。由表可知，负荷削减强度没有改变负荷削减时滞效应的总体特征，仅对一些特定的时刻有影响：①负荷削减强度对与 TN 相关的各个时滞时刻均没有明显的影响，不同削减强度下的 t_m 均为第 366 天，t_s 和 t_e 的差异也很小；②负荷削减强度的变化没有改变与 TP 相关的 t_s 和 t_c，对 t_m 有轻微影响，当削减强度为 80% 和 60% 时，t_m 在第 259 天，而当削减强度为 40% 和 20% 时，提前 20 天达到了削减效果的最大值，从 e_m 来看，随着负荷削减强度的增加，e_m 呈比例增加，未出现边际效应递减的规律。

表 4.5　不同负荷削减强度的时滞时刻

营养盐	削减强度	t_s/天	t_m/天	e_m/t	t_e/天	t_c/天
TN	80%	10	366	1179	777	—
	60%	10	366	880	778	—
	40%	11	366	597	780	—
	20%	11	366	307	782	—
TP	80%	12	259	44	—	996
	60%	12	259	32	—	996
	40%	11	239	21	—	996
	20%	11	239	11	—	996

需要说明的是，不同的时滞时间求解算法可能带来不同的结果。本书在求解 t_s 和 t_e 时的依据为 e_m 的特定百分比（5%），而非扰动效应曲线的特定值，因而本书采用的方法实际上是对扰动效应曲线形状的分析，不同的负荷削减强度对应的扰动效应值不同，然而只要其形状类似即可认为负荷削减强度对时滞时间没有明显影响，因而采用 e_m 的百分比求解 t_s 和 t_e 是合理的。

4.4.3　削减分配对时滞时间的影响

当讨论不同的负荷削减分配方式对时滞时间的影响时，由于削减持续时间和强度均有差异，因而可预见对应的扰动效应曲线的 t_s、t_m 和 e_m 等均可能会有较大的差异，此时研究时滞时间是否存在差异意义不大，而讨论时滞时间的差异是有意义的。根据不同削减分配方式对应的扰动效应曲线（图 4.28），采用 STL 方法可获得 TP 扰动效应曲线的趋势特征。由于负荷削减时间的差异，趋势线在开始几年存在较大差异，但在第 7 年以后各条线均趋向于一致。

根据不同负荷削减强度下的扰动效应曲线以 STL 方法分析的结果，将在不同情景下扰动曲线的时滞时刻结果总结为表 4.6。对不同的营养盐而言，负荷削减分

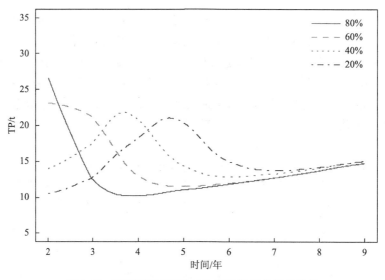

图 4.28　不同削减分配时 TP 扰动效应曲线的趋势

配方式对负荷削减效果时滞时刻的影响不同：①对湖体 TN 存量而言，负荷削减分配方式对 t_s 的影响较小，对 t_m 有明显的影响，当削减年数为 1 年时，t_m 在第 366 天，而当削减年数超过 1 年时，t_m 均出现在第 2 年，表明在相对较低的 TN 负荷削减强度下，相对于基准情景 TN 的负荷削减效果不会随着负荷削减时间的延长而累积，e_m 之间的差异较大，负荷削减分配方式对 t_e 有明显的影响，但是没有发现特定的规律；②对湖体 TP 存量而言，t_s 随着削减年数的增加而增加，t_m 之间则具有明显的规律性，即随着削减年数的增加，其对应的 e_m 相应地逐次增加，即峰值均出现在最后一年削减的第 259 天左右，e_m 之间的差异较小，这表明 TP 负荷削减效果会随着负荷削减时间的延长而累积，负荷削减分配方式对 t_c 有明显的影响，但是没有发现特定的规律。

表 4.6　不同负荷削减分配的时滞时刻

	削减年数	t_s/天	t_m/天	e_m/t	t_e/天	t_c/天
TN	1 年	10	366	1179	777	—
	2 年	15	461	852	1038	—
	3 年	15	516	610	1426	—
	4 年	16	516	462	1776	—
TP	1 年	12	259	44	—	996
	2 年	19	625	35	—	1486
	3 年	30	989	37	—	1836
	4 年	38	1354	36	—	2317

4.4.4　协同削减对时滞时间的影响

根据不同负荷削减分配时营养盐存量的扰动效应曲线（图 4.19），采用 STL 方法可获得 TP 存量扰动效应曲线的趋势特征。图 4.29 展示了湖体 TP 存量扰动效应曲线的趋势项，可见其趋势项与分开削减时的差异很小。

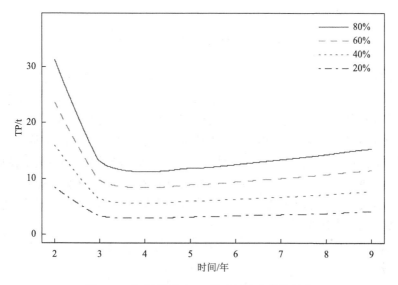

图 4.29　协同削减时 TP 扰动效应曲线的趋势

负荷协同削减时，不同削减强度对应的时滞时间结果总结为表 4.7。与分开削减的时滞时间结果对比，可知：①对 TN 而言，协同削减对 t_s 和 t_m 没有影响，使得 t_e 大大延长，即协同削减延长了 TN 的削减效果，这可能是由于 TP 的削减效果具有较长时间的持续性，而 TP 削减又会导致 TN 存量的降低，但根据扰动效应曲线可知，从负荷削减结束的第 3 年开始效果的差异比较小；②对 TP 而言，协同削减对于 t_s、t_m 和 t_c 均没有影响，但使得 e_m 有轻微上升的趋势。

表 4.7　协同削减的时滞时刻

	削减强度	t_s/天	t_m/天	e_m/t	t_e/天	t_c/天
	80%	11	366	1265	2704	—
	60%	11	366	945	2704	—
TN	40%	11	366	635	2703	—
	20%	11	366	322	2708	—

续表

	削减强度	t_s/天	t_m/天	e_m/t	t_e/天	t_c/天
TP	80%	12	292	45	—	1066
	60%	12	294	35	—	996
	40%	13	294	24	—	996
	20%	13	294	12	—	996

4.5　湖泊系统对负荷削减弹性的识别

在生态学研究中，对生态系统弹性尚未有统一的定义（Standish et al.，2014）。本书将湖泊系统的弹性定义为湖泊系统的抗干扰能力。根据4.3节和4.4节的研究结果，滇池湖体营养盐存量对流域外源负荷削减具有非线性和时滞性响应特征，将负荷削减视为对湖泊系统的扰动，则这种响应的非线性和时滞性即体现为湖泊系统对负荷削减的弹性（图4.30）。例如，负荷输入削减的减少量未引起湖泊存量的等量减少就是湖泊系统弹性导致非线性响应的体现。由于滇池为富营养化湖泊，因而探究其对负荷削减的弹性。在水质模型中设置负荷增加作为扰动情景，可探究湖泊系统对负荷增加的弹性。

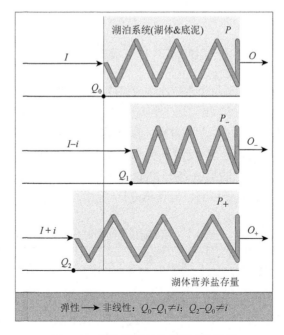

图4.30　湖泊系统对负荷削减的弹性

湖泊系统包括湖体和底泥两个组分，值得注意的是，在湖泊水质目标风险管理中主要关注湖体营养盐存量或浓度，因而下面讨论湖泊系统弹性导致的湖体营养盐浓度的抗干扰能力。湖泊系统对负荷削减的弹性来源于湖泊系统中与营养盐迁移转化相关的各个过程，以湖体营养盐存量为关注对象，可以将各个过程归纳为输入过程和输出过程。底泥释放和大气沉降为输入过程，湖体沉降和出流为输出过程，TN 的输入过程还包括固氮效应，输出过程还包括反硝化作用。负荷削减一般不会影响大气沉降过程，因而不考虑该过程对湖泊系统弹性的贡献。根据 4.3 节的研究结果可知，负荷削减在短期内会引起湖泊系统输入过程通量的升高（$\phi < 1$）和输出过程通量的降低（$\phi > \kappa$），在一定程度上"抵消"了负荷削减的效果（$\kappa < 1$），体现了湖泊系统的弹性，表现为响应的非线性和时滞性特征。

湖泊系统弹性应包含量级和时间两个相互耦合的维度，难以用单一的指标定量化，但可用不同的指标衡量不同的特征。本书对响应非线性和时滞性识别时定义的多个指标，可用于湖泊系统对负荷削减弹性的定量表征。当采用 $T \to \infty$ 时的扰动分析法，假设系统在基准情景和扰动情景时经过长时间后均处于稳态，可定义湖泊系统的缓冲力，用于表征湖泊系统对长时间扰动的弹性。当扰动效应曲线闭合时（如本书中的 TN），本书提出的用于定量化湖泊系统对负荷削减弹性的指标及其含义可总结为表 4.8（负荷削减时段为 $1 \sim T$），在其条件不变时，ϕ_t、κ_t 和 t_r 越小弹性越大，ζ_t、t_s 和 r 越大弹性越大，决策者可根据需要选择合适的湖泊系统弹性指数。尽管 ψ_t 能够反映湖泊系统营养盐在各个过程的活跃程度和特定负荷削减在湖泊系统的循环次数，但由于 ψ 为 ϕ_t 与 ζ_t 之和，难以判定其与湖泊系统弹性之间的关系，因而其不作为湖泊系统弹性的衡量指标。当扰动效应曲线不闭合时（如本书中的 TP），表中给出的弹性指标虽不能全都被求解出，但求解特定时段的弹性指标值对于理解湖泊系统的弹性是有益的。显然，根据基于模型的扰动分析法，湖泊系统特定组分弹性的定义和求解也易获得。

表 4.8　湖泊系统弹性的衡量指标

指标	表达式	含义
表观输入率	ϕ_t	$1 \sim t$ 时段，湖体输入过程通量（含外源负荷输入）的减少量占负荷削减量的百分比，$1-\phi_t$ 即除去外源负荷的输入过程通量的增加量占负荷削减量的百分比（以**输入增加的形式弥补的负荷百分比**）。特别的，ϕ_T 表示负荷削减时段的 ϕ；ϕ_{t_e} 表示直到负荷削减效应移除时的 ϕ；当 $t > t_e$ 时，$\phi_t = \phi_{t_e}$。ϕ_t 表示湖泊系统的输入弹性，ϕ_t 值越大弹性越小
表观输出率	$\zeta_t = \phi_t - \kappa_t$	$1 \sim t$ 时段，湖体各个输出过程通量的减少量占负荷削减量的百分比（以**输出减少的形式弥补的负荷百分比**）。特别的，ζ_T 表示负荷削减时段的 ζ；ζ_{t_e} 表示直到负荷削减效应移除时的 ζ；当 $t > t_e$ 时，$\zeta_t = \zeta_{t_e} = \phi_t$。$\zeta_t$ 表示湖泊系统的输出弹性，ζ_t 值越大弹性越大

指标	表达式	含义
表观效用率	κ_t	$1\sim t$ 时段,湖体净输入的减少量占负荷削减量的百分比,$1-\kappa_t$ 即除去外源负荷的净输入过程通量的增加量占负荷削减量的百分比(**以输入增加和输出减少的形式弥补的负荷百分比**)。特别的,κ_T 表示负荷削减时段的 κ;κ_{t_e} 表示直到负荷削减效应移除时的 κ;当 $t \geq t_e$ 时,$\kappa_t = \kappa_{t_e} = 0$。$\kappa_t$ 表示湖泊系统的效应弹性,κ_t 值越大弹性越小
始效时间	t_s	负荷削减对湖体营养盐存量产生明显效应的时刻
恢复时间	$t_r = t_e - t_m$	负荷削减对湖体营养盐存量产生最大效应到恢复到效应完全移除所需的时间
恢复速率	$r = e_m/(t_e - t_m)$	负荷削减对湖体营养盐存量产生最大效应到恢复到效应完全移除的速率
缓冲力	$b = 1 - \Delta S_s / \Delta L$	采用 $T \rightarrow \infty$ 时的扰动分析法,ΔS_s 表示基准情景和扰动情景的营养盐存量在稳态时的差异,ΔL 表示负荷削减的差异

根据基于模型的扰动分析法,上述湖泊系统的弹性指标可以被方便地求解。例如,当 TN 或 TP 负荷持续 1 年削减 80% 时,可求得 TN 与 TP 的 ϕ_{365} 分别为 86.9% 与 59.8%,ζ_{365} 分别为 56.9% 与 0.8%,κ_{365} 分别为 30.0% 与 29.0%,由此可知,TN 输入弹性小于 TP,TP 的输出弹性大于 TN,二者的效应弹性相当。TN 的 ϕ_{t_e} 为 77.6%,表明湖泊系统的输入过程(除外源负荷输入)抵消了 22.7% 的负荷削减;$\kappa_{t_e} = 0$,表明湖泊系统的输出过程抵消了 77.6% 的负荷削减。TN 负荷削减的始效时间为第 10 天,恢复时间为 813 天,恢复速率为 4.15t/天。

在本章滇池案例中未讨论负荷持续削减的情景,因而采用表 4.9 中的示例阐述缓冲力 b 的计算方法。假设湖泊系统的初始状态和外源负荷削减 40% 与 80% 时经过较长时间后均达到稳态,此时外源、内源(底泥释放、湖体沉降、其他反应效应之和)和无关源(大气沉降)对湖体营养盐存量的贡献比例固定。当外源负荷削减 40%(200t)时,湖体存量减少了 100t,此时 b 为 $1-100/200 = 0.5$;当外源负荷削减 80%(400t)时,湖体存量减少了 250t,此时 b 为 $1-250/400 = 0.375$。缓冲力为衡量长时间尺度外源负荷持续削减效果的指标,可以表征长时间尺度湖泊系统对负荷削减的弹性,缓冲力越大则弹性越大。

表 4.9　缓冲力的计算示例

情景	负荷	总计	内源	外源	无关源	缓冲力
初始状态	量/t	1000	300	500	200	—
	贡献比/%	100	30	50	20	—
外源负荷削减 40%	量/t	900	400	300	200	0.5
	贡献比/%	100	44.4	33.3	22.3	
外源负荷削减 80%	量/t	750	450	100	200	0.375
	贡献比/%	100	60	13.3	26.7	

　　传统对湖泊内源负荷重要性的判定通常依据内源负荷的贡献比,当内源负荷的贡献比较大时则认为内源负荷的治理对于湖泊富营养化的防治具有重要意义。将内源负荷定义为包括湖体与底泥交互过程的净入湖体通量和湖体各种反应导致的净入湖体通量之和,根据湖泊系统对负荷削减弹性的探索,本书认为湖泊水质对负荷削减响应的非线性和时滞性是湖泊系统弹性的体现,对内源负荷重要性的判定应同时包括内源贡献的大小和湖泊系统弹性的大小。表 4.10 展示了不同内源贡献大小和湖泊系统弹性大小组合对应的污染防治策略。其中,对湖泊富营养化污染防治尤其具有启发意义的是当湖泊系统弹性大且内源贡献小的情况:根据以往的研究思路,内源贡献小则表明控制内源对于富营养化防治意义不大;但考虑湖泊系统弹性较大,负荷削减之后湖泊内源会对削减的负荷进行及时的补充,因而湖泊内源对湖体营养盐存量的影响不应被忽视。如表 4.9 所示,尽管在初始状态内源的贡献比仅为 30%,但是当湖泊系统的弹性比较大时,负荷削减之后内源会大量补充负荷削减量,内源贡献比增加,大大降低了外源负荷削减的效果。此时,应在控制外源的同时对内源进行合理的控制,包括降低内源的负荷量或者减小湖泊系统的弹性,从而减少湖泊内源对负荷削减的补充。由表 4.10 可知,只有在湖泊系统弹性小且内源贡献小的情况下才可忽视湖泊内源的防治。湖泊系统对负荷削减的弹性概念为衡量湖泊内源重要性提供了新视角。

表 4.10　不同湖泊系统弹性和内源贡献对应的防治策略

湖泊系统弹性	内源贡献	防治策略
大	大	控制内源
大	小	控制内源和外源
小	大	控制内源
小	小	控制外源

4.6　建议与小结

4.6.1　对负荷削减决策的建议

　　评价过去特定时段负荷削减或评估未来特定时段负荷削减对水质改善的效果对于进行污染防治决策,确定污染防治措施具有决定性作用。根据本章的研究结果,水质对特定时段的负荷削减的响应具有非线性和时滞性特征,某一特定时段负荷削减对水质改善的效果可能持续较长时间且在负荷削减的开始效果不明显,某一特定时刻的水质改善是该时刻之前较长时间负荷削减的综合结果。因而,特定时段的水质监测数据及其趋势包含了过去负荷削减的效果，且不能完全涵盖该时段负荷削减的效果，因而无法反映该时段负荷削减的效果。水质模型能够模拟营养盐在湖泊系统的迁移转化过程，建议采用水质模型剥离其时段负荷削减的效果，以对特定时段负荷削减效果进行评估，而不能采用监测数据对负荷削减效果进行评估。

情景分析法可用于对比不同削减情景和基准情景的水质响应差异，获得负荷持续削减的效果（图 4.31），却无法剥离特定时段负荷削减的效果。例如，欲求时段 II 负荷削减的效果，由于响应的非线性和时滞性，时段 II 基准情景与削减情景的水质差异必然受时段 I 负荷削减的影响，而时段III的水质差异受该时段负荷削减的影响，因而某一时段的水质差异为多个时段效应的综合，均不能用于衡量该时段负荷削减的效果。

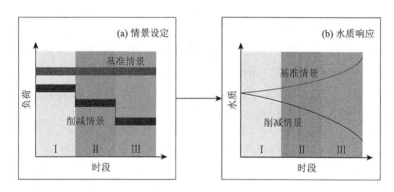

图 4.31　情景分析中水质对负荷削减的响应

为了评价过去特定时段负荷削减或评估未来特定时段负荷削减对水质改善的效果，建议采用基于模型的扰动分析法（图 4.32）。即使对于削减情景的组合较为复杂的情况，采用扰动分析法的思路也可定量地剥离特定时段负荷削减的效果。例如，欲求时段 II 负荷削减的效果，令基准情景在时段 II 不进行任何负荷削减，其条件均保持一致，则基准情景与扰动情景的水质响应差异全部为时段 II 负荷削减引起的，该水质响应差异可以反映响应的非线性和时滞性特征，即为时段 II 的负荷削减效果。

此外，根据湖泊系统弹性对负荷削减弹性的讨论，本书建议在讨论外源负荷削减对湖体营养盐浓度的影响时，应将湖体和底泥视为一个整体，即为湖泊系统。湖泊系统能够抵消部分外源负荷削减的作用，即为湖泊系统的弹性，本书建议加强对湖泊系统弹性的研究，以增强对外源负荷削减效果的科学预期。由于内源负荷的重要性，本书建议同时采用湖泊系统弹性和内源贡献大小来衡量，并针对不同的情况采取不同的控制策略。

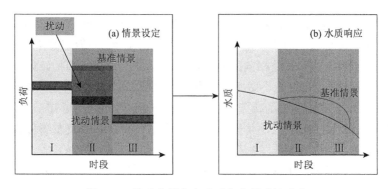

图 4.32　扰动分析中水质对负荷削减的响应

4.6.2　小结

为了识别湖泊水质对负荷削减响应的非线性和时滞性特征，针对情景分析法不能回答特定时段的负荷削减在何时产生了何种效果的问题，本章提出了一种基于模型的扰动分析法。该方法包括基准情景和扰动情景的设置、水质模型的建立、水质响应曲线的获取和扰动效应曲线的获取 4 个步骤，其中，扰动情景的设置是该方法与传统的情景分析法的主要区别，根据基准情景和扰动情景水质响应的差异获得的扰动效应曲线是该方法能够识别响应的非线性和时滞性的关键。为了能够将响应的非线性特征定量化，根据营养盐在湖体的迁移转化过程，本章定义了 3 个用于表征负荷削减对湖泊水质表观影响的指数，分别为 ϕ、κ 和 ψ，分别表示负荷削减对湖泊负荷输入的表观影响、负荷削减对湖泊负荷净输入的影响和负荷削减对湖泊过程通量的影响，ψ 可用于衡量增加的负荷在湖体中的循环比例。

以滇池外海作为研究案例地，针对 TN 和 TP 负荷的削减，设置了 1 个基准情景和 20 个扰动情景，每个情景运行 3240 天。采用本章提出的扰动分析法，识别了湖泊 TN 和湖体 TP 存量对负荷削减响应的非线性和时滞性特征。

研究结果发现，对非线性特征而言：①水质对负荷削减具有明显的非线性响应特征，ϕ 和 κ 均小于 1，ψ 在负荷削减之后的数年内都会超过 1；②随着负荷削减强度的增加对 TN 负荷削减的效果存在边际效应递减的特征；③负荷削减分配对负荷削减的长期效果影响很小；④协同削减使得在负荷削减时段的部分时间 TN 削减效果更好，而 TP 削减效果更差。对时滞性特征而言：①水质对负荷削减存在明显的时滞性特征，负荷削减的效果在负荷削减结束后仍然存在；②负荷削减强度对响应时滞性的影响很小；③负荷削减分配会影响 TN 削减最佳效果的出现时间，而 TP 的最佳削减效果均出现在负荷削减的最后年份；④协同削减使得 TN 削减的效果延长，而不影响 TP 削减的效果。

此外，研究中还发现 N 和 P 元素对负荷削减具有不同的响应特征：①TN 负荷削减对湖体 TN 存量的效果在负荷削减结束后的几年内即被完全移除,而 TP 负荷削减对湖体 TP 存量的效果则一直持续。实际上,当负荷削减结束后,基准情景和扰动情景的边界条件是相同的,二者存在差异的为变量的初始条件,由此可知湖体 TN 存量对初始值是不敏感的,而湖体 TP 存量对初始值是敏感的(蝴蝶效应);通过研究削减强度和削减分配对负荷削减的效果的影响可知,当 TP 负荷削减值一定时,其对初始值也不再敏感。这些规律表明,一些突发事件或短时扰动导致的负荷波动可能对湖体 TP 浓度产生影响,而不会对 TN 浓度产生影响。②无论负荷削减强度和负荷削减分配如何变化,单独削减 TN 时 ϕ 最后总是趋向于0.776 附近,κ 趋向于 0,ψ 趋向于 1.544,说明被削减的 TN 负荷导致负荷总输入降低的比例为77.6%,而进入湖体的 TN 负荷有54.4%经过一次循环之后才从湖体去除;而 TP 的 ϕ 和 ψ 则呈现上升趋势,κ 倾向于 8.6%。③TN 的负荷削减具有边际效应递减的趋势,而 TP 的负荷削减效果几乎不受削减强度的影响。

　　案例研究结果表明,本章提出的基于模型的扰动分析法能够识别水质对负荷削减响应的非线性和时滞性特征,回答了特定时段的负荷削减将在何时引起何种程度水质改善的问题。例如,以 TN 负荷持续 1 年削减 80%为例,根据本章的扰动分析法和对响应的非线性和时滞性的识别,可知道:负荷削减从第 10 天开始产生显著效果,第 366 天达到最大效应,相对于基准情景湖体 TN 存量减少了 1179t,直到第 777 天负荷削减效果被去除;期间,负荷削减实际上导致的负荷输入减少率为77.6%,有54.4%的负荷经过了一次循环后才离开湖体。尽管在水质模型中,营养盐迁移转化的机理过程都是明确的,但是由于模型的复杂性,区分负荷削减的效应是难以根据方程直接获得的。本书提出的方法能够定量地表征湖泊系统对负荷削减的表观响应,能够为负荷削减效果提供合理的预期,为管理决策提供有用的信息。

第 5 章 结论与展望

5.1 研 究 结 论

（1）根据面向管理的水质达标评价方法框架，针对分位数标准和平均值标准，分别获得了适用于二项分布总体的水质达标评价参考表和适用于正态分布总体的孔雀图，分别反映了成本比值和样本容量对最大允许超标个数和最大允许平均值的影响，可直接用于指导水质达标评价中最大允许超标个数和最大允许平均值的选择。在案例研究中，不同成本比值对应的水质达标评价结果可能存在差异，反映了成本比值对水质达标评价结果的影响，表明将成本维度纳入水质达标评价的必要性及面向管理的水质达标评价方法的合理性。

（2）根据基于模型选择的响应动态性识别方法框架，发现异龙湖 Chla-TP 的响应关系存在两个突变点，表明稳态转换和干旱事件均导致了响应关系在时间维度上的变化，近年来 Chla 对 TP 的响应不敏感，而对 TN 的响应敏感，表明对该湖泊 Chla 浓度的控制应以降低 TN 浓度为主，此外，状态变量存在 3 个突变点，表明响应关系的突变不必与状态变量的突变具有协同性，强调了采用贝叶斯突变点模型直接对响应关系的突变点进行识别的必要性。滇池 Chla-TP 响应关系的季节动态性识别结果表明，响应关系在季节维度上不存在动态性，结合目前生态学和环境科学领域贝叶斯层次模型被不加判断地用于模拟动态响应关系的现状，本书指出基于模型选择的响应动态性识别方法能够避免盲目使用动态模型，是更好的建模框架。对美国东北部湖泊 Chla-TP 响应关系的研究结果表明，响应关系模式既非同一的又非个体的，表明响应关系存在空间动态性，而营养盐基准的合理空间尺度应为次生态分区尺度。

（3）根据基于模型选择的响应动态性识别方法框架，对滇池外海水质对负荷削减响应特征的研究发现：水质对负荷削减具有明显的非线性响应特征，ϕ 和 κ 均小于 1，ψ 在负荷削减之后的数年内都会超过 1；随着负荷削减强度的增加对 TN 负荷削减的效果存在边际效应递减的特征，协同削减使得在负荷削减时段的部分时间 TN 削减效果更好，而 TP 削减效果更差。水质对负荷削减存在明显的时滞性特征，负荷削减的效果在负荷削减结束后仍然存在。协同削减使得 TN 削减的效果延长，而不影响 TP 削减的效果。

本研究结果可用于指导湖泊水质管理实践，为湖泊决策提供建议，包括以下几方面。

（1）在湖泊水质达标评价中，平均值法忽视了水质变量存在时空变异性而使得达标评价结果面临较大的风险，建议在水质达标评价时在考虑变量不确定性(计算两类错误概率）的基础上，纳入成本维度，以期望损失最小，进行达标决策，采用面向管理的水质达标评价方法进行水质达标评价；对成本比值而言，建议采用"范围→估算→核算"的思路进行，以提高方法的实用性；建议水质标准采用双值标准。

（2）在湖泊营养盐基准建立中，统一的湖泊营养盐基准已不能满足湖泊水质目标风险管理的需求，建立区域性营养盐基准时，应首先对空间尺度的合理性进行评价，再进行数据聚集和基准建立。在大量湖泊长时间尺度监测数据的基础上，采用基于模型选择的响应动态性识别方法，首先开展确定营养盐合理空间尺度的研究，然后建立区域性营养盐基准。

（3）在负荷削减决策中，评价过去特定时段负荷削减或评估未来特定时段负荷削减对水质改善的效果对于进行污染防治决策，确定污染防治措施具有决定性作用，建议采用水质模型剥离其时段负荷削减的效果，以对特定时段负荷削减效果进行评估，而不能采用监测数据对负荷削减效果进行评估；情景分析法无法剥离特定时段负荷削减的效果，建议采用基于模型的扰动分析法；建议在讨论外源负荷削减对湖体营养盐浓度的影响时，应将湖体和底泥视为一个整体，并加强对湖泊系统弹性的研究，以增强对外源负荷削减效果的科学预期；由于内源负荷的重要性，建议同时采用湖泊系统弹性和内源贡献大小来衡量，并针对不同的情况采取不同的控制策略。

5.2　研究展望

本书提出了湖泊水质目标风险管理的概念，在湖体层面上进行了风险来源识别，但未探究响应关系动态性驱动因子识别、流域层面风险来源识别、气候变化对水质目标风险的影响和湖泊系统弹性的影响因素等方面。因而，在本书的基础上，未来可在如下几个方面开展相关研究。

（1）识别响应动态性的驱动因子，加强对湖泊系统动态性特征的认知。例如，在美国东北部湖区 Chla-TP 响应关系空间动态性识别的案例中，根据本书提出的基于响应关系的聚类方法识别出生态分区中 Chla-TP 响应关系的模式，未来应对该模式的驱动因子进行识别，探究导致响应关系动态性的深层次原因。

（2）探究流域层面水质目标风险来源的识别方法。污染物负荷在流域层面的削减分配是流域水质目标风险管理的重要组成部分，本书的风险识别方法仅停留在湖体层面。未来应梳理流域层面的风险来源，进行流域水质目标风险来源识别方法的相关研究，完善流域水质目标风险管理的方法体系，为流域水质目标风险管理提供更加全面的有用的信息。

（3）将气候变化作为水质目标风险管理中的风险来源。尽管气候变化在短时间尺度上对湖泊系统的影响较小，但是在长时间尺度上对水质目标风险的影响不应被忽视，且极端气候事件对湖体水质的影响也逐渐引起人们重视，因而未来应将气候变化作为湖泊水质目标风险的重要来源，对其影响进行深入探究。

探究湖泊系统对负荷削减弹性的影响因素。根据基于模型的扰动分析法和滇池水质对负荷削减响应特征的研究，本书提出了湖泊系统对负荷削减弹性的概念，为衡量湖泊内源的重要性提供了全新的视角，湖泊内源的控制应该集中在降低湖泊系统对外源负荷削减的补充作用上，可通过降低内源负荷量或降低湖泊系统弹性两种途径实现。然而，湖泊系统对负荷削减弹性的影响因素目前尚不明确，因而无法提出降低湖泊系统弹性的有力途径。未来应探究弹性的影响因素，增强对湖泊系统非线性和动态性特征的认识，为合理地控制湖泊内源提供科学依据。开展不同湖泊类型/湖泊群弹性大小的对比研究，对于认知湖泊系统的弹性具有重要意义。此外，由于湖泊生态系统可能是弹性的重要来源，且底泥中营养盐的浓度影响底泥对于外源负荷削减的弹性，因而湖泊系统弹性的定量表征为水质模型的机理过程和结构提出了新的需求和挑战。

参 考 文 献

常静，刘敏，李先华，等.2009. 上海地表灰尘重金属污染的健康风险评价[J]. 中国环境科学，29（5）：548-554.

陈奇，霍守亮，席北斗，等. 2010. 湖泊营养物参照状态建立方法研究[J]. 生态环境学报，19（3）：544-549.

陈星，邹锐，刘永，等.2012. 风险显性区间数线性规划模型（REILP）解对约束风险偏好的敏感性与稳健性研究[J]. 北京大学学报（自然科学版），48（6）：942-948.

程鹏，李叙勇，苏静君.2016. 我国河流水质目标管理技术的关键问题探讨[J]. 环境科学与技术，39（6）：195-205.

戴秀丽，钱佩琪，叶凉，等. 2016. 太湖水体氮、磷浓度演变趋势（1985-2015年）[J]. 湖泊科学，28（5）：935-943.

方晓波，张建英，陈英旭，等. 2008. 基于纳污量的流域水环境管理模式——以金华江流域义乌段为例[J]. 环境科学学报，28（12）：2614-2621.

冯承莲，吴丰昌，赵晓丽，等.2012. 水质基准研究与进展[J]. 中国科学：地球科学，42（5）：646-656.

郭怀成，王心宇，伊璇. 2013a. 基于滇池水生态系统演替的富营养化控制策略[J]. 地理研究，32（6）：998-1006.

郭怀成，向男，周丰，等.2013b. 滇池流域宝象河暴雨径流初始冲刷效应[J]. 环境科学，34（4）：1298-1307.

韩雪，孙丽，周冰. 2016. 河北省"十二五"规划考核断面水质状况分析[J]. 海河水利，（5）：14-17.

何凤霞，马学俊.2012. 基于R软件的正态性检验的功效比较[J]. 统计与决策，（18）：17-19.

何羽，邓春光，敖亮.2012. 河流水环境容量安全边际研究[J]. 环境科学与技术，35（9）：201-204.

霍守亮，陈奇，席北斗，等.2009. 湖泊营养物基准的制定方法研究进展[J]. 生态环境学报，18（2）：743-748.

霍守亮，马春子，席北斗，等. 2017. 湖泊营养物基准研究进展[J]. 环境工程技术学报，7（2）：125-133.

贾峰. 2016. 中国开始实施"史上最严"新环保法[J]. 世界环境，（1）：31-33.

金相灿. 2013. 湖泊富营养化控制理论、方法与实践[M]. 北京：科学出版社.

李根保，李林，潘珉，等.2014. 滇池生态系统退化成因、格局特征与分区分步恢复策略[J]. 湖泊科学，26（4）：485-496.

李凯，汪家权，李堃，等.2017. 淮河流域瓦埠湖流域水体污染研究与现状评价（2011—2015年）[J]. 湖泊科学，29（1）：143-150.

李延东，武暕. 2016. 辽河流域西辽河水质污染现状及变化趋势[J]. 环境工程，34（S1）：807-809.

梁艳，陆光华，齐鹏德，等.2011. 水体中营养盐对污染物生物吸收及生物毒性的影响[J]. 环境
　　与健康杂志，28（2）：181-184.

梁中耀，刘永，盛虎，等.2014. 滇池水质时间序列变化趋势识别及特征分析[J]. 环境科学学报，
　　34（3）：754-762.

梁中耀，余艳红，王丽婧，等.2017. 湖泊水质时空变化特征识别的贝叶斯方差分析方法[J]. 环
　　境科学学报，37（11）：4170-4177.

刘伟.2014. 云南异龙湖水质及富营养化变化趋势分析[J]. 人民长江，45（S1）：48-50.

刘永，邹锐.2016. 精准治污改善流域水质[N]. 中国环境报，2016-10-14[2019-1-10].

刘永，郭怀成，王丽婧，等.2005. 环境规划中情景分析方法及应用研究[J]. 环境科学研究，18
　　（3）：82-87.

陆莎莎，时连强.2016. 水质模型研究发展综述[J]. 环境工程，34（S1）：78-81.

逯元堂，吴舜泽，陈鹏，等.2012. “十一五”环境保护投资评估[J]. 中国人口·资源与环境，
　　22（10）：43-47.

毛小苓，刘阳生.2003. 国内外环境风险评价研究进展[J]. 应用基础与工程科学学报，11（3）：
　　266-273.

孟岑，李裕元，吴金水，等.2016. 亚热带典型小流域总氮最大日负荷（TMDL）及影响因子研
　　究——以金井河流域为例[J]. 环境科学学报，36（2）：700-709.

闵庆文.2012. 太湖流域水质目标管理技术体系研究[M]. 北京：中国环境科学出版社.

倪玲玲，王栋，王远坤，等.2017. 基于贝叶斯方法的太湖沉积物多环芳烃的生态风险评价[J]. 南
　　京大学学报：自然科学版，53（5）：871-878.

年跃刚，宋英伟，李英杰，等.2006. 富营养化浅水湖泊稳态转换理论与生态恢复探讨[J]. 环境
　　科学研究，19（1）：67-70.

单保庆，王超，李叙勇，等.2015. 基于水质目标管理的河流治理方案制定方法及其案例研究[J].
　　环境科学学报，35（8）：2314-2323.

盛虎，郭怀成.2015. 数据缺失下流域模拟方法研究[M]. 北京：科学出版社.

盛虎，向男，郭怀成，等.2013. 流域水质管理优化决策模型研究[J]. 环境科学学报，33（1）：
　　1-8.

石秋池.2005. 欧盟水框架指令及其执行情况[J]. 中国水利，（22）：65-66.

孙德尧，臧淑英，孙华杰，等.2018. 近150年呼伦湖重金属污染历史及潜在生态风险[J]. 农业
　　环境科学学报，37（1）：137-147.

唐登勇，张聪，杨爱辉，等.2018. 太湖流域企业的水风险评估体系[J]. 中国环境科学，38（2）：
　　766-775.

唐晓先，沈明，段洪涛.2017. 巢湖蓝藻水华时空分布（2000—2015年）[J]. 湖泊科学，29（2）：
　　276-284.

王冰，刘晓威，王灵志，等.2016. 基于IWIND-LR模型的河流突发性溢油事故模拟与应急响应
　　分析[J]. 安全与环境工程，23（4）：148-153.

王东，秦昌波，马乐宽，等.2017. 新时期国家水环境质量管理体系重构研究[J]. 环境保护，45
　　（8）：49-56.

王金南，蒋春来，张文静.2015. 关于“十三五”污染物排放总量控制制度改革的思考[J]. 环境
　　保护，43（21）：21-24.

王金南，田仁生，吴舜泽，等.2010. "十二五"时期污染物排放总量控制路线图分析[J]. 中国人口·资源与环境，20（8）：70-74.

王玲. 2016. 最大日负荷总量 TMDL 计算及应用研究[J]. 水科学与工程技术，（2）：44-47.

王生愿，桂发二，方纬. 2016. 负荷历时曲线法在梁子湖流域污染容量总量控制中的应用[J]. 长江流域资源与环境，25（5）：845-850.

王显丽，姜国强，周雯，等.2016. 基于洱海水生态特征的流域最大日负荷总量控制[J]. 湖泊科学，28（2）：271-280.

吴丰昌. 2012. 水质基准理论与方法学及其案例研究[M]. 北京：科学出版社.

吴舜泽，王倩. 2017. 坚持以提高环境质量为核心的"十三五"生态环境保护规划逻辑主线[J]. 环境保护，（1）：14-19.

吴舜泽，徐敏，王东，等. 2014. 水污染防治与环境管理战略转型[J]. 环境影响评价，（3）：7-11.

吴舜泽，王东，马乐宽，等. 2015. 向水污染宣战的行动纲领——《水污染防治行动计划》解读[J]. 环境保护，43（9）：15-18.

吴阳，王俭，刘英华，等. 2017. 河流水质目标管理技术研究综述[J]. 黑龙江科学，8（12）：9-11.

武暕，冯承莲，李延东，等. 2017. 桓仁水库富营养化风险预测预警[J]. 环境工程，35（4）：125-128.

夏菁，张翔，朱志龙，等. 2015. TMDL 计划在长湖水污染总量控制中的应用[J]. 环境科学与技术，38（7）：176-181.

薛鹏丽，曾维华. 2011. 上海市突发环境污染事故风险区划[J]. 中国环境科学，31（10）：1743-1750.

张代青，梅亚东，杨娜，等. 2010. 中国大陆近 54 年降水量变化规律的小波分析[J]. 武汉大学学报（工学版），43（3）：278-282.

张民，孔繁翔.2015. 巢湖富营养化的历程、空间分布与治理策略（1984—2013 年）[J]. 湖泊科学，27（5）：791-798.

赵颢瑾，付正辉，陆文涛，等.2018. 河流陆域环境交互区域风险评估方法研究[J]. 环境科学学报，38（1）：372-379.

赵钟楠，张天柱. 2013. 基于生态系统水平的河流风险评价[J]. 中国环境科学，33（3）：516-523.

周雯，任秀文，李适宇. 2011. TMDL 中 MOS 的定量估算方法及其应用[J]. 新疆环境保护，33（2）：21-28.

邹锐，张晓玲，刘永，等. 2013. 抚仙湖流域负荷削减的水质风险分析[J]. 中国环境科学，33（9）：1721-1727.

邹锐，吴桢，赵磊，等. 2017. 湖泊营养盐通量平衡的三维数值模拟[J]. 湖泊科学，29（4）：819-826.

邹锐，苏晗，陈岩，等. 2016. 流域污染负荷-水质响应的时空数值源解析方法研究[J]. 中国环境科学，36（12）：3639-3649.

邹锐，苏晗，余艳红，等. 2018. 基于水质目标的异龙湖流域精准治污决策研究[J]. 北京大学学报（自然科学版），54（2）：1-8.

邹伟，李太民，刘利，等. 2017. 苏北骆马湖大型底栖动物群落结构及水质评价[J]. 湖泊科学，29（5）：1177-1187.

Alameddine I，Qian S S，Reckhow K H.2011. A Bayesian changepoint-threshold model to examine the effect of TMDL implementation on the flow-nitrogen concentration relationship in the Neuse River basin[J]. Water Research，45（1）：51-62.

Andersen T, Carstensen J, Hernandez-Garcia E, et al. 2009. Ecological thresholds and regime shifts: approaches to identification[J]. Trends in Ecology and Evolution, 24 (1): 49-57.

Anderson D R, Burnham K R.2002. Avoiding pitfalls when using information-theoretic methods[J]. Journal of Wildlife Management, 66 (3): 912-918.

Argillier C, Causse S, Gevrey M, et al. 2013. Development of a fish-based index to assess the eutrophication status of European lakes[J]. Hydrobiologia, 704: 193-211.

Arhonditsis G B, Qian S S, Stow C A, et al.2007. Eutrophication risk assessment using Bayesian calibration of process-based models: application to a mesotrophic lake[J]. Ecological Modelling, 208 (2-4): 215-229.

Arima S, Basset A, Lasinio G J, et al. 2013. A hierarchical Bayesian model for the ecological status classification of lagoons[J]. Ecological Modelling, 263: 187-195.

Bachmann R W, Bigham D L, Hoyer M V, et al. 2012a. Factors determining the distributions of total phosphorus, total nitrogen, and chlorophyll a in Florida lakes[J]. Lake and Reservoir Management, 28 (1): 10-26.

Bachmann R W, Bigham D L, Hoyer M V, et al.2012b. Phosphorus nitrogen and the designated uses of Florida lakes[J]. Lake and Reservoir Management, 28: 46-58.

Baker M E, King R S. 2010. A new method for detecting and interpreting biodiversity and ecological community thresholds[J]. Methods in Ecology and Evolution, (1): 25-37.

Barnett V, O'Hagan A. 1997. Setting environmental standards: the statistical approach to handling uncertainty and variation[M].London: CRC Press.

Barrero M A, Orza J A G, Cabello M, et al. 2015. Categorisation of air quality monitoring stations by evaluation of PM_{10} variability[J]. Science of the Total Environment, 524-525: 225-236.

Batiuk R A, Linker L C, Cerco C F. 2013. Featured collection introduction: chesapeake bay total maximum daily load development and application[J]. Journal of the American Water Resources Association, 49 (5): 981-985.

Baulch H M. 2013. Asking the right questions about nutrient control in aquatic ecosystems[J]. Environmental Science and Technology, 47 (3): 1188-1189.

Behm J E, Edmonds D A, Harmon J P, et al. 2013. Multilevel statistical models and the analysis of experimental data[J]. Ecology, 94 (7): 1479-1486.

Benson D, Fritsch O, Cook H, et al. 2014. Evaluating participation in WFD river basin management in England and Wales: processes, communities, outputs and outcomes[J]. Land Use Policy, 38: 213-222.

Birk S, Bonne W, Borja A, et al. 2012. Three hundred ways to assess Europe's surface waters: an almost complete overview of biological methods to implement the Water Framework Directive[J]. Ecological Indicators, 18: 31-41.

Blasius B, Stone L. 2000. Nonlinearity and the Moran effect[J]. Nature, 406: 846-847.

Boeuf B, Fritsch O.2016. Studying the implementation of the Water Framework Directive in Europe: a meta-analysis of 89 journal articles[J]. Ecology and Society, 21 (2): 19.

Borisova T, Collins A, D'Souza G, et al. 2008. A benefit-cost analysis of total maximum daily load implementation[J]. Journal of the American Water Resources Association, 44 (4): 1009-1023.

Borja A, Galparsoro I, Solaun O, et al. 2006. The European Water Framework Directive and the DPSIR, a methodological approach to assess the risk of failing to achieve good ecological status[J]. Estuarine Coastal and Shelf Science, 66 (1-2): 84-96.

Borsuk M E, Stow C A, Reckhow K H. 2002. Predicting the frequency of water quality standard violations: a probabilistic approach for TMDL development[J]. Environmental Science and Technology, 36 (10): 2109-2115.

Brabcova B, Marvan P, Opatrilova L, et al. 2017. Diatoms in water quality assessment: to count or not to count them? [J]. Hydrobiologia, 795 (1): 113-127.

Brack W, Dulio V, Agerstrand M, et al. 2017. Towards the review of the European Union Water Framework Directive: recommendations for more efficient assessment and management of chemical contamination in European surface water resources[J]. Science of the Total Environment, 576: 720-737.

Brady D J. 2004. Managing the water program[J]. Journal of Environmental Engineering, 130 (6): 591-593.

Brooks B W, Fulton B A, Hanson M L. 2015. Aquatic toxicology studies with macrophytes and algae should balance experimental pragmatism with environmental realism[J]. Science of the Total Environment, 536: 406-407.

Brucet S, Poikane S, Lyche-Solheim A, et al.2013. Biological assessment of European lakes: ecological rationale and human impacts[J]. Freshwater Biology, 58 (6): 1106-1115.

Bryce S A, Clarke S E. 1996. Landscape-level ecological regions: linking state-level ecoregion frameworks with stream habitat classifications[J]. Environmental Management, 20(3): 297-311.

Cahill N, Rahmstorf S, Parnell A C. 2015. Change points of global temperature[J]. Environmental Research Letters, 10 (8): 084002.

Cao X, Wang Y Q, He J, et al.2016. Phosphorus mobility among sediments water and cyanobacteria enhanced by cyanobacteria blooms in eutrophic Lake Dianchi[J]. Environmental Pollution, 219: 580-587.

Cao X F, Wang J, Liao J Q, et al. 2017. Bacterioplankton community responses to key environmental variables in plateau freshwater lake ecosystems: a structural equation modeling and change point analysis[J]. Science of the Total Environment, 580: 457-467.

Carstensen J. 2007. Statistical principles for ecological status classification of Water Framework Directive monitoring data[J]. Marine Pollution Bulletin, 55 (1-16): 3-15.

Carstensen J, Lindegarth M.2016. Confidence in ecological indicators: a framework for quantifying uncertainty components from monitoring data[J]. Ecological Indicators, 67: 306-317.

Carvalho L, Miller C A, Scott E M, et al. 2011. Cyanobacterial blooms: statistical models describing risk factors for national-scale lake assessment and lake management[J]. Science of the Total Environment, 409 (25): 5353-5358.

Carvalho L, Poikane S, Solheim A L, et al. 2013. Strength and uncertainty of phytoplankton metrics for assessing eutrophication impacts in lakes[J]. Hydrobiologia, 704 (1): 127-140.

Cerco C F, Noel M R. 2016. Impact of reservoir sediment scour on water quality in a downstream estuary[J]. Journal of Environmental Quality, 45 (3): 894-905.

Cha Y, Alameddine I, Qian S S, et al.2016a. A cross-scale view of N and P limitation using a Bayesian hierarchical model[J]. Limnology and Oceanography, 61 (6): 2276-2285.

Cha Y, Soon Park S, Won Lee H, et al. 2016b. A Bayesian hierarchical approach to model seasonal algal variability along an upstream to downstream river gradient[J]. Water Resources Research, 52 (1): 348-357.

Chahor Y, Casali J, Gimenez R, et al. 2014. Evaluation of the AnnAGNPS model for predicting runoff and sediment yield in a small Mediterranean agricultural watershed in Navarre (Spain)[J]. Agricultural Water Management, 134: 24-37.

Chambers P A, McGoldrick D J, Brua R B, et al. 2012. Development of environmental thresholds for nitrogen and phosphorus in streams[J]. Journal of Environmental Quality, 41 (1): 7-20.

Chen C, Gribble M O, Bartroff J, et al. 2017. The sequential probability ratio test: an efficient alternative to exact binomial testing for Clean Water Act 303 (d) evaluation[J]. Journal of Environmental Management, 192: 89-93.

Chen D J, Dahlgren R A, Shen Y, et al. 2012. A Bayesian approach for calculating variable total maximum daily loads and uncertainty assessment[J]. Science of the Total Environment, 430: 59-67.

Chen D J, Huang H, Hu M, et al. 2014. Influence of lag effect, soil release, and climate change on watershed anthropogenic nitrogen inputs and riverine export dynamics[J]. Environmental Science and Technology, 48 (10): 5683-5690.

Chen F Z, Shu T T, Jeppesen E, et al. 2013. Restoration of a subtropical eutrophic shallow lake in China: effects on nutrient concentrations and biological communities[J]. Hydrobiologia, 718 (1): 59-71.

Chen J B, Lu J. 2014.Establishment of reference conditions for nutrients in an intensive agricultural watershed Eastern China[J]. Environmental Science and Pollution Research, 21 (4): 2496-2505.

Chen L B, Yang Z F, Liu H F. 2016. Assessing the eutrophication risk of the Danjiangkou Reservoir based on the EFDC model[J]. Ecological Engineering, 96: 117-127.

Cheruvelil K S, Soranno P A, Webster K E, et al. 2013. Multi-scaled drivers of ecosystem state: quantifying the importance of the regional spatial scale[J]. Ecological Applications, 23 (7): 1603-1618.

Clarke R T. 2013. Estimating confidence of European WFD ecological status class and WISER Bioassessment Uncertainty Guidance Software (WISERBUGS) [J]. Hydrobiologia, 704 (1): 39-56.

Coblentz K E, Rosenblatt A E, Novak M. 2017. The application of Bayesian hierarchical models to quantify individual diet specialization[J]. Ecology, 98 (6): 1535-1547.

Cooter W S. 2004. Clean Water Act assessment processes in relation to changing US Environmental Protection Agency management strategies[J]. Environmental Science and Technology, 38 (20): 5265-5273.

Cotovicz J, Brandini N, Knoppers B A, et al. 2013. Assessment of the trophic status of four coastal lagoons and one estuarine delta, eastern Brazil[J]. Environmental Monitoring and Assessment, 185 (4): 3297-3311.

Cottingham K L, Ewing H A, Greer M L, et al. 2016. Cyanobacteria as biological drivers of lake nitrogen and phosphorus cycling[J]. Ecosphere，6（1）：1-19.

Cui L J，Li W，Gao C J，et al. 2017. Identifying the influence factors at multiple scales on river water chemistry in the Tiaoxi Basin，China[J]. Ecological Indicators，92：228-238.

Demetriades A. 2010. Use of measurement uncertainty in a probabilistic scheme to assess compliance of bottled water with drinking water standards[J]. Journal of Geochemical Exploration，107（3）：410-422.

Dietze M C. 2017. Prediction in ecology：a first-principles framework[J]. Ecological Applications，27（7）：2048-2060.

Dodds W K，Welch E B. 2000. Establishing nutrient criteria in streams[J]. Journal of the North American Benthological Society，19（1）：186-196.

Dodds W K，Oakes R M. 2004. A technique for establishing reference nutrient concentrations across watersheds affected by humans[J]. Limnology and Oceanography Methods，2（10）：333-341.

Dodds W K，Bouska W W，Eitzmann J L，et al. 2009. Eutrophication of US freshwaters：analysis of potential economic damages[J]. Environmental Science and Technology，43（1）：12-19.

Dodds W K，Clements W H，Gido K，et al. 2010. Thresholds，breakpoints，and nonlinearity in freshwaters as related to management[J]. Journal of the North American Benthological Society，29（3）：988-997.

Dudley B，Dunbar M，Penning E，et al. 2013. Measurements of uncertainty in macrophyte metrics used to assess European lake water quality[J]. Hydrobiologia，704（1）：179-191.

EC. 2000. Directive 2000/60/EC of the European Parliament and of the Council of 23 October 2000 establishing a framework for the Community action in the field of water policy[R]. Official Journal of the European Communities，L327：321-372.

Estrela T. 2011. The EU WFD and the river basin management plans in Spain[J]. Proceedings of the Institution of Civil Engineers-Water Management，164（8）：397-404.

Evans-White M A，Haggard B E，Scott J T. 2013. A review of stream nutrient criteria development in the United States[J]. Journal of Environmental Quality，42（4）：1002-1014.

Feher L C，Osland M J，Griffith K T，et al. 2017. Linear and nonlinear effects of temperature and precipitation on ecosystem properties in tidal saline wetlands[J]. Ecosphere，8（10）：e01956.

Fergus C E，Soranno P A，Cheruvelil K S，et al. 2011. Multiscale landscape and wetland drivers of lake total phosphorus and water color[J]. Limnology and Oceanography，56（6）：2127-2146.

Field S A，Tyre A J，Jonzén N，et al. 2004. Minimizing the cost of environmental management decisions by optimizing statistical thresholds[J]. Ecology Letters，7（8）：669-675.

Field S A，O'Connor P J，Tyre A J，et al. 2007. Making monitoring meaningful[J]. Austral Ecology，32（5）：485-491.

Filstrup C T，Wagner T，Soranno P A，et al. 2014. Regional variability among nonlinear chlorophyll-phosphorus relationships in lakes[J]. Limnology and Oceanography，59（5）：1691-1703.

Flavio H M，Ferreira P，Formigo N，et al. 2017. Reconciling agriculture and stream restoration in Europe：a review relating to the EU Water Framework Directive[J]. Science of the Total Environment，596-597：378-395.

Fornaroli R, Cabrini R, Zaupa S, et al. 2016. Quantile regression analysis as a predictive tool for lake macroinvertebrate biodiversity[J]. Ecological Indicators, 61: 728-738.

Franceschini S, Tsai C W. 2008. Incorporating reliability into the definition of the margin of safety in total maximum daily load calculations[J]. Journal of Water Resources Planning and Management, 134 (1): 34-44.

Ganin A A, Massaro E, Gutfraind A, et al. 2016. Operational resilience: concepts, design and analysis[J]. Scientific Reports, 6: 19540.

Garcia A M, Alexander R B, Arnold J G, et al. 2016. Regional effects of agricultural conservation practices on nutrient transport in the upper Mississippi River Basin[J]. Environmental Science and Technology, 50 (13): 6991-7000.

Genkai-Kato M, Carpenter S R. 2005. Eutrophication due to phosphorus recycling in relation to lake morphometry, temperature, and macrophytes[J]. Ecology, 86 (1): 210-219.

Gibbons R D. 2003. A statistical approach for performing water quality impairment assessments[J]. Journal of the American Water Resources Association, 39 (4): 841-849.

Goudey R. 2007. Do statistical inferences allowing three alternative decisions give better feedback for environmentally precautionary decision-making? [J]. Journal of Environmental Management, 85 (2): 338-344.

Grieve A P. 2015. How to test hypotheses if you must[J]. Pharmaceutical Statistics, 14 (2): 139-150.

Grizzetti B, Bouraoui F, de Marsily G, et al. 2005. A statistical method for source apportionment of riverine nitrogen loads[J]. Journal of Hydrology, 304 (1-4): 302-315.

Gronewold A D, Borsuk M E. 2010. Improving water quality assessments through a hierarchical Bayesian analysis of variability[J]. Environmental Science and Technology, 44(20): 7858-7864.

Guisan A, Tingley R, Baumgartner J B, et al. 2013. Predicting species distributions for conservation decisions[J]. Ecology Letters, 16: 1424-1435.

Guo Y, Jia H F. 2012. An approach to calculating allowable watershed pollutant loads[J]. Frontiers of Environmental Science and Engineering, 6 (5): 658-671.

Haggard B E, Scott J T, Longing S D. 2013. Sestonic chlorophyll-a shows hierarchical structure and thresholds with nutrients across the Red River Basin USA[J]. Journal of Environmental Quality, 42 (2): 437-445.

Hamil K A D, Iii B V I, Huang W K, et al. 2016. Cross-scale contradictions in ecological relationships[J]. Landscape Ecology, 31 (1): 7-18.

Han D M, Currell M J, Cao G L. 2016. Deep challenges for China's war on water pollution[J]. Environmental Pollution, 218: 1222-1233.

Harris G P, Heathwaite A L. 2012. Why is achieving good ecological outcomes in rivers so difficult? [J]. Freshwater Biology, 57 (S1): 91-107.

Hawkins C P, Olson J R, Hill R A. 2010. The reference condition: predicting benchmarks for ecological and water-quality assessments[J]. Journal of the North American Benthological Society, 29 (1): 312-343.

Heatherly II T. 2014. Acceptable nutrient concentrations in agriculturally dominant landscapes: a comparison of nutrient criteria approaches for Nebraska rivers and streams[J]. Ecological

Indicators，45：355-363.

Heiskary S A，Bouchard R W. 2015. Development of eutrophication criteria for Minnesota streams and rivers using multiple lines of evidence[J]. Freshwater Science，34（2）：574-592.

Heiskary S，Wilson B. 2008. Minnesota's approach to lake nutrient criteria development[J]. Lake and Reservoir Management，24（3）：282-297.

Hering D，Borja A，Carstensen J，et al. 2010. The European Water Framework Directive at the age of 10：a critical review of the achievements with recommendations for the future[J]. Science of the Total Environment，408（19）：4007-4019.

Herlihy A，Sifneos J.2008. Developing nutrient criteria and classification schemes for wadeable streams in the conterminous US[J]. Journal of the North American Benthological Society，27（4）：932-948.

Hillebrand H，Langenheder S，Lebret K，et al. 2017. Decomposing multiple dimensions of stability in global change experiments[J]. Ecology Letters，21（1）：21-30.

Hjerppe T，Taskinen A，Kotamaki N，et al. 2017. Probabilistic evaluation of ecological and economic objectives of River Basin management reveals a potential flaw in the goal setting of the EU Water Framework Directive[J]. Environmental Management，59（4）：584-593.

Holling C S. 1973. Resilience and stability of ecological systems[J]. Annual Review of Ecology and Systematics，4（1）：1-23.

Hughes R M，Larsen D P. 1988. Ecoregions：an approach to surface water protection[J]. Journal（Water Pollution Control Federation），60（4）：486-493.

Huo S L，Xi B D，Ma C Z，et al. 2013. Stressor-response models：a practical application for the development of lake nutrient criteria in China[J]. Environmental Science and Technology，47（21）：11922-11923.

Huo S L, Ma C Z, Xi B D, et al. 2014. Lake ecoregions and nutrient criteria development in China[J]. Ecological Indicators，46：1-10.

Huo S L，Ma C Z，Xi B D，et al. 2015. Nonparametric approaches for estimating regional lake nutrient thresholds[J]. Ecological Indicators，58：225-234.

Huo S L，Ma C Z，Xi B D，et al. 2017. Development of methods for establishing nutrient criteria in lakes and reservoirs：a review[J]. Journal of Environmental Sciences，67（5）：54-66.

Ii R P M，Kline K M，Churchill J B. 2013. Estimating reference nutrient criteria for Maryland ecoregions[J]. Environmental Monitoring and Assessment，185（3）：2123-2137.

Ingrassia S，McLachlan G J，Govaert G. 2015. Special issue on "New trends on model-based clustering and classification" [J]. Advances in Data Analysis and Classification, 9（4）：367-369.

Jarvie H P，Sharpley A N，Spears B，et al. 2013. Water quality remediation faces unprecedented challenges from "legacy phosphorus" [J]. Environmental Science and Technology，47（16）：8997-8998.

Ji D F，Xi B D，Su J，et al. 2014. Structure equation model-based approach for determining lake nutrient standards in Yungui Plateau ecoregion and Eastern Plain ecoregion lakes China[J]. Environmental Earth Sciences，72（8）：3067-3077.

Jiang Y. 2015. China's water security：current status，emerging challenges and future prospects[J].

Environmental Science and Policy, 54: 106-125.

Johnson S L, Whiteaker T, Maidment D R. 2009. A tool for automated load duration curve creation[J]. Journal of the American Water Resources Association, 45 (3): 654-663.

Jones J R, Knowlton M F, Kaiser M S. 1998. Effects of aggregation on chlorophyll-phosphorus relations in Missouri reservoirs[J]. Lake and Reservoir Management, 14 (1): 1-9.

Jones J R, Knowlton M F, Obrecht D V, et al. 2009. Role of contemporary and historic vegetation on nutrients in Missouri reservoirs: implications for developing nutrient criteria[J]. Lake and Reservoir Management, 25 (1): 111-118.

Kaika M. 2003. The water framework directive: a new directive for a changing social political and economic European framework[J]. European Planning Studies, 11 (3): 299-316.

Kanakoudis V, Tsitsifli S. 2015. River basin management plans developed in Greece based on the WFD 2000/60/EC guidelines[J]. Desalination and Water Treatment, 56: 1231-1239.

Katsiapi M, Moustaka-Gouni M, Sommer U. 2016. Assessing ecological water quality of freshwaters: PhyCoI-a new phytoplankton community Index[J]. Ecological Informatics, 31: 22-29.

Keller A A, Cavallaro L.2008. Assessing the US Clean Water Act 303 (d) listing process for determining impairment of a waterbody[J]. Journal of Environmental Management, 86 (4): 699-711.

Kerman J, Gelman A. 2007. Manipulating and summarizing posterior simulations using random variable objects[J]. Statistics and Computing, 17 (3): 235-244.

Kim S. 2015. ppcor: an R package for a fast calculation to semi-partial correlation coefficients[J]. Communications for Statistical Applications and Methods, 22 (6): 665-674.

Kimmel B L, Groeger A W. 1984. Factors controlling primary production in lakes and reservoirs: a perspective[J]. Lake and Reservoir Management, 1 (1): 277-281.

Klazar M. 2003. Bell numbers, their relatives, and algebraic differential equations[J]. Journal of Combinatorial Theory, 102 (1): 63-87.

Kotamaki N, Patynen A, Taskinen A, et al. 2015. Statistical dimensioning of nutrient loading reduction: LLR assessment tool for lake managers[J]. Environmental Management, 56 (2): 480-491.

Kowalewski G A, Kornijów R, Mcgowan S, et al. 2016. Disentangling natural and anthropogenic drivers of changes in a shallow lake using palaeolimnology and historical archives[J]. Hydrobiologia, 767 (1): 301-320.

Krueger T. 2017. Bayesian inference of uncertainty in freshwater quality caused by low-resolution monitoring[J]. Water Research, 115: 138-148.

Krzywinski M, Altman N. 2017. Classification and regression trees[J]. Nature Methods, 14: 755-756.

Lakew A, Moog O. 2015. A multimetric index based on benthic macroinvertebrates for assessing the ecological status of streams and rivers in central and southeast highlands of Ethiopia[J]. Hydrobiologia, 751 (1): 229-242.

Lamon III E C, Qian S S. 2008. Regional scale stressor-response models in aquatic ecosystems[J]. Journal of the American Water Resources Association, 44 (3): 771-781.

Lamon III E C, Qian S S, Jr D D R. 2004. Temporal changes in the Yadkin river flow versus suspended sediment concentration relationship[J]. Journal of the American Water Resources Association, 40 (5): 1219-1229.

Lamon III E C, Malve O, Pietilainen O P. 2008. Lake classification to enhance prediction of eutrophication endpoints in Finnish lakes[J]. Environmental Modelling and Software, 23: 938-947.

Le C, Zha Y, Li Y, et al. 2010. Eutrophication of lake waters in China: cost, causes, and control[J]. Environmental Management, 45 (4): 662-668.

Lebo M E, Paerl H W, Peierls B L. 2012. Evaluation of progress in achieving TMDL mandated nitrogen reductions in the Neuse River Basin, North Carolina[J]. Environmental Management, 49 (1): 253-266.

Li Y Z, Liu Y, Zhao L, et al. 2015. Exploring change of internal nutrients cycling in a shallow lake: a dynamic nutrient driven phytoplankton model[J]. Ecological Modelling, 313: 137-148.

Liang S D, Jia H F, Yang C, et al. 2015. A pollutant load hierarchical allocation method integrated in an environmental capacity management system for Zhushan Bay, Taihu Lake[J]. Science of the Total Environment, 533: 223-237.

Liang S D, Jia H F, Xu C Q, et al. 2016. A Bayesian approach for evaluation of the effect of water quality model parameter uncertainty on TMDLs: a case study of Miyun Reservoir[J]. Science of the Total Environment, 560-561: 44-54.

Linker L C, Dennis R, Shenk G W, et al. 2013. Computing atmospheric nutrient loads to the chesapeake bay watershed and tidal waters[J]. Journal of the American Water Resources Association, 49 (5): 1025-1041.

Little L R, Punt A E, Dichmont C M, et al. 2016. Decision trade-offs for cost-constrained fisheries management[J]. Ices Journal of Marine Science, 73 (2): 494-502.

Liu Y, Zou R, Riverson J, et al. 2011. Guided adaptive optimal decision making approach for uncertainty based watershed scale load reduction[J]. Water Research, 45 (16): 4885-4895.

Lobo-Ferreira J P, Leitao T E, Oliveira M M. 2015. Portugal's river basin management plans: groundwater innovative methodologies, diagnosis, and objectives[J]. Environmental Earth Sciences, 73: 2627-2644.

Loveland T R, Merchant J M. 2004. Ecoregions and ecoregionalization: geographical and ecological perspectives[J]. Environmental Management, 34: S1-S13.

Lyche-Solheim A, Feld C K, Birk S, et al. 2013. Ecological status assessment of European lakes: a comparison of metrics for phytoplankton, macrophytes, benthic invertebrates and fish[J]. Hydrobiologia, 704 (1): 57-74.

Makarewicz J C, Lewis T W, Rea E, et al. 2015. Using SWAT to determine reference nutrient conditions for small and large streams[J]. Journal of Great Lakes Research, 41 (1): 123-135.

Malve O, Qian S S. 2006. Estimating nutrients and chlorophyll a relationships in Finnish lakes[J]. Environmental Science and Technology, 40: 7848-7853.

Marieke B, Frances P, Irene G E. 2013. Nutrients and water temperature are significant predictors of cyanobacterial biomass in a 1147 lakes data set[J]. Limnology and Oceanography, 58 (5): 1736-1746.

McBride G, Cole R G, Westbrooke I, et al. 2014. Assessing environmentally significant effects: a better strength-of-evidence than a single P value? [J]. Environmental Monitoring and Assessment, 186 (5): 2729-2740.

McCrackin M L, Jones H P, Jones P C, et al. 2017. Recovery of lakes and coastal marine ecosystems from eutrophication: a global meta-analysis[J]. Limnology and Oceanography, 62: 507-518.

McLaughlin D B. 2014. Maximizing the accuracy of field-derived numeric nutrient criteria in water quality regulations[J]. Integrated Environmental Assessment and Management, 10(1): 133-137.

Meador M R. 2013. Nutrient enrichment and fish nutrient tolerance: assessing biologically relevant nutrient criteria[J]. Journal of the American Water Resources Association, 49 (2): 253-263.

Meals D W, Dressing S A, Davenport T E. 2009. Lag time in water quality response to best management practices: a review[J]. Journal of Environmental Quality, 39: 85.

Merrington G, An Y J, Grist E P M, et al. 2014. Water quality guidelines for chemicals: learning lessons to deliver meaningful environmental metrics[J]. Environmental Science and Pollution Research, 21 (1): 6-16.

Michalak A M, Anderson E J, Beletsky D, et al. 2013. Record-setting algal bloom in Lake Erie caused by agricultural and meteorological trends consistent with expected future conditions[J]. Proceedings of the National Academy of Sciences of the United States of America, 110 (16): 6448-6452.

Moe S J, Solheim A L, Soszka H, et al. 2015. Integrated assessment of ecological status and misclassification of lakes: the role of uncertainty and index combination rules[J]. Ecological Indicators, 48 (48): 605-615.

Monnahan C C, Thorson J T, Branch T A. 2017. Faster estimation of Bayesian models in ecology using Hamiltonian Monte Carlo[J]. Methods in Ecology and Evolution, 8: 339-348.

Mudge J F, Baker L F, Edge C B, et al. 2012a. Setting an optimal α that minimizes errors in null hypothesis significance tests[J]. Plos One, 7: e32734.

Mudge J F, Barrett T J, Munkittrick K R, et al. 2012b. Negative consequences of using $\alpha = 0.05$ for environmental monitoring decisions: a case study from a decade of Canada's environmental effects monitoring program[J]. Environmental Science and Technology, 46 (17): 9249-9255.

Murtagh F, Contreras P. 2017. Algorithms for hierarchical clustering: an overview, II[J]. Wiley Interdisciplinary Reviews-Data Mining and Knowledge Discovery, 7: e1219.

Neuenschwander B, Wandel S, Roychoudhury S, et al. 2015. Robust exchangeability designs for early phase clinical trials with multiple strata[J]. Pharmaceutical Statistics, 15 (2): 123-134.

Nõges P, Bund W V D, Cardoso A C, et al. 2009. Assessment of the ecological status of European surface waters: a work in progress[J]. Hydrobiologia, 633: 197-211.

Obenour D R, Gronewold A D, Stow C A, et al. 2015. Using a Bayesian hierarchical model to improve Lake Erie cyanobacteria bloom forecasts[J]. Water Resources Research, 50: 7847-7860.

Ogle K, Barber J J, Barrongafford G A, et al. 2015. Quantifying ecological memory in plant and ecosystem processes[J]. Ecology Letters, 18 (3): 221-235.

Oliver S K, Collins S M, Soranno P A, et al. 2017. Unexpected stasis in a changing world: lake nutrient and chlorophyll trends since 1990[J]. Global Change Biology, 23 (12): 5455-5467.

Olson J R, Hawkins C P. 2013. Developing site-specific nutrient criteria from empirical models[J]. Freshwater Science, 32 (3): 719-740.

Omernik J M. 1987. Ecoregions of the conterminous United-States[J]. Annals of the Association of American Geographers, 77: 118-125.

Omernik J M, Bailey R G. 1997. Distinguishing between watersheds and ecoregions[J]. Journal of the American Water Resources Association, 33 (5): 935-949.

Omernik J M, Griffith G E. 2014. Ecoregions of the conterminous United States: evolution of a hierarchical spatial framework[J]. Environmental Management, 54 (6): 1249-1266.

Paerl H W, Otten T G, 2013. Harmful cyanobacterial blooms: causes, consequences, and controls[J]. Microbial Ecology, 65 (4): 995-1010.

Page T, Heathwaite A L, Moss B, et al. 2012. Managing the impacts of nutrient enrichment on river systems: dealing with complex uncertainties in risk analyses[J]. Freshwater Biology, 57 (S1): 108-123.

Park D, Roesner L A. 2012. Evaluation of pollutant loads from stormwater BMPs to receiving water using load frequency curves with uncertainty analysis[J]. Water Research, 46: 6881-6890.

Patil A, Deng Z Q. 2011. Bayesian approach to estimating margin of safety for total maximum daily load development[J]. Journal of Environmental Management, 92 (3): 910-918.

Pedersen M W, Berg C W, Thygesen U H, et al. 2011. Estimation methods for nonlinear state-space models in ecology[J]. Ecological Modelling, 222 (8): 1394-1400.

Phillips C R, Chmelynski H J, Sensintaffar E L, et al. 2012. Reliability of drinking water quality data used for compliance determinations[J]. Journal American Water Works Association, 104 (11): E555-E560.

Phillips G, Lyche-Solheim A, Skjelbred B, et al. 2013. A phytoplankton trophic index to assess the status of lakes for the Water Framework Directive[J]. Hydrobiologia, 704 (1): 75-95.

Pimm S L. 1984. The complexity and stability of ecosystems[J]. Nature, 307: 321-326.

Poikane S, Johnson R K, Sandin L, et al. 2016a. Benthic macroinvertebrates in lake ecological assessment: a review of methods, intercalibration and practical recommendations[J]. Science of the Total Environment, 543: 123-134.

Poikane S, Kelly M, Cantonati M. 2016b. Benthic algal assessment of ecological status in European lakes and rivers: challenges and opportunities[J]. Science of the Total Environment, 568: 603-613.

Powers S M, Stanley E H, Lottig N R. 2009. Quantifying phosphorus uptake using pulse and steady-state approaches in streams[J]. Limnology and Oceanography Methods, 7: 498-508.

Pretty J N, Mason C F, Nedwell D B, et al. 2003. Environmental costs of freshwater eutrophication in England and Wales[J]. Environmental Science and Technology, 37 (2): 201-208.

Qian S S. 2015. The frequency component of water quality criterion compliance assessment should be data driven[J]. Environmental Management, 56 (1): 24-33.

Qian S S, Reckhow K H. 2007. Combining model results and monitoring data for water quality assessment[J]. Environmental Science and Technology, 41 (14): 5008-5013.

Qian S S, Miltner R J. 2015. A continuous variable Bayesian networks model for water quality modeling: a case study of setting nitrogen criterion for small rivers and streams in Ohio USA[J]. Environmental Modelling and Software, 69: 14-22.

Qian S S, Borsuk M E, Stow C A. 2000. Seasonal and long-term nutrient trend decomposition along a spatial gradient in the Neuse River watershed[J]. Environmental Science and Technology, 34 (21): 4474-4482.

Qian S S, King R S, Richardson C J. 2003. Two statistical methods for the detection of environmental thresholds[J]. Ecological Modelling, 166 (1-2): 87-97.

Qian S S, Pan Y D, King R S. 2004. Soil total phosphorus threshold in the Everglades: a Bayesian changepoint analysis for multinomial response data[J]. Ecological Indicators, 4: 29-37.

Qian S S, Craig J K, Baustian M M, et al. 2009. A Bayesian hierarchical modeling approach for analyzing observational data from marine ecological studies[J]. Marine Pollution Bulletin, 58 (12): 1916-1921.

Qian S S, Cuffney T F, Alameddine I, et al. 2010. On the application of multilevel modeling in environmental and ecological studies[J]. Ecology, 91 (2): 355-361.

Qian S S, Chaffin J D, Dufour M R, et al. 2015a. Quantifying and reducing uncertainty in estimated microcystin concentrations from the ELISA method[J]. Environmental Science and Technology, 49 (24): 14221-14229.

Qian S S, Stow C A, Cha Y. 2015b. Implications of Stein's paradox in environmental standard compliance assessment[J]. Environmental Science and Technology, 49 (10): 5913-5920.

Qu C S, Li B, Wu H S, et al. 2016. Probabilistic ecological risk assessment of heavy metals in sediments from China's major aquatic bodies[J]. Stochastic Environmental Research and Risk Assessment, 30 (1): 271-282.

Ratajczak Z, D'Odorico P, Collins S L, et al. 2017. The interactive effects of press/pulse intensity and duration on regime shifts at multiple scales[J]. Ecological Monographs, 87: 198-218.

Razavi S, Tolson B A, Burn D H. 2012. Review of surrogate modeling in water resources[J]. Water Resources Research, 48: W07401.

Read E K, Patil V P, Oliver S K, et al. 2015. The importance of lake-specific characteristics for water quality across the continental United States[J]. Ecological Applications, 25 (4): 943-955.

Reckhow K H. 2003. On the need for uncertainty assessment in TMDL modeling and implementation[J]. Journal of Water Resources Planning and Management, 129 (4): 245-246.

Reyjol Y, Argillier C, Bonne W, et al. 2014. Assessing the ecological status in the context of the European Water Framework Directive: where do we go now? [J]. Science of the Total Environment, 497-498: 332-344.

Robertson D M, Saad D A. 2011. Nutrient inputs to the laurentian great lakes by source and watershed estimated using SPARROW watershed models[J]. Journal of the American Water Resources Association, 47 (5): 1011-1033.

Rodionov S, Overland J E. 2005. Application of a sequential regime shift detection method to the Bering Sea ecosystem[J]. Ices Journal of Marine Science, 62 (3): 328-332.

Rohm C M, Omernik J M, Woods A J, et al. 2002. Regional characteristics of nutrient concentrations in streams and their application to nutrient criteria development[J]. Journal of the American Water Resources Association, 38 (1): 213-239.

Roubeix V, Danis P A, Feret T, et al. 2016. Identification of ecological thresholds from variations in phytoplankton communities among lakes: contribution to the definition of environmental standards[J]. Environmental Monitoring and Assessment, 188 (4): 1-20.

Saltman T. 2001. Making TMDLs work[J]. Environmental Science and Technology, 35: 248.

Scavia D, Allan J D, Arend K K, et al. 2014. Assessing and addressing the re-eutrophication of Lake Erie: central basin hypoxia[J]. Journal of Great Lakes Research, 40 (2): 226-246.

Scavia D, Bertani I, Obenour D R, et al. 2017. Ensemble modeling informs hypoxia management in the northern Gulf of Mexico[J]. Proceedings of the National Academy of Sciences of the United States of America, 114 (33): 8823-8828.

Schindler D W, Carpenter S R, Chapra S C, et al. 2016. Reducing phosphorus to curb lake eutrophication is a success[J]. Environmental Science and Technology, 50 (17): 8923-8929.

Schwalm C R, Wrl A, Michalak A M, et al. 2017. Global patterns of drought recovery[J]. Nature, 548: 202-205.

Shipley B. 2013. The AIC model selection method applied to path analytic models compared using a d-separation test[J]. Ecology, 94 (3): 560-564.

Shoemaker L, Dai T, Koenig J, et al. 2005. TMDL model evaluation and research needs[R]. National Risk Management Research Laboratory, US Environmental Protection Agency.

Smith A J, Tran C P. 2010. A weight-of-evidence approach to define nutrient criteria protective of aquatic life in large rivers[J]. Journal of the North American Benthological Society, 29 (3): 875-891.

Smith A J, Thomas R L, Nolan J K, et al. 2013. Regional nutrient thresholds in wadeable streams of New York State protective of aquatic life[J]. Ecological Indicators, 29: 455-467.

Smith E P, Canale R P. 2015. An analysis of sampling programs to evaluate compliance with numerical standards: total phosphorus in Platte Lake, MI[J]. Lake and Reservoir Management, 31: 190-201.

Smith E P, Zahran A, Mahmoud M, et al. 2003. Evaluation of water quality using acceptance sampling by variables[J]. Environmetrics, 14 (4): 373-386.

Smith R A, Schwarz G E. 2003. Natural background concentrations of nutrients in streams and rivers of the conterminous United States[J]. Environmental Science and Technology, 37 (14): 3039-3047.

Sonderegger D L, Wang H, Clements W H, et al. 2009. Using SiZer to detect thresholds in ecological data[J]. Frontiers in Ecology and the Environment, 7 (4): 190-195.

Søndergaard M, Jensen J P, Jeppesen E. 2005. Seasonal response of nutrients to reduced phosphorus loading in 12 Danish lakes[J]. Freshwater Biology, 50 (2): 1605-1615.

Sondergaard M, Larsen S E, Johansson L S, et al. 2016. Ecological classification of lakes: uncertainty and the influence of year-to-year variability[J]. Ecological Indicators, 61: 248-257.

Song C B, Wu L, Xie Y C, et al. 2017. Air pollution in China: status and spatiotemporal variations[J]. Environmental Pollution, 227: 334-347.

Sonneveld M P W, de Vos J A, Kros J, et al. 2012. Assessment of N and P status at the landscape scale using environmental models and measurements[J]. Environmental Pollution, 162: 168-175.

Soranno P A, Wagner T, Martin S L, et al. 2011. Quantifying regional reference conditions for freshwater ecosystem management: a comparison of approaches and future research needs[J].

Lake and Reservoir Management, 27（2）: 138-148.

Soranno P A, Cheruvelil K S, Bissell E G, et al. 2014. Cross-scale interactions: quantifying multi-scaled cause-effect relationships in macrosystems[J]. Frontiers in Ecology and the Environment, 12（1）: 65-73.

Soranno P A, Bacon L C, Beauchene M, et al. 2017. LAGOS-NE: a multi-scaled geospatial and temporal database of lake ecological context and water quality for thousands of US lakes[J]. Gigascience, 6（12）: 1-22.

Sotomayor G, Hampel H, Vázquez R F. 2017. Water quality assessment with emphasis in parameter optimisation using pattern recognition methods and genetic algorithm[J]. Water Research, 130: 353-362.

Spiegelhalter D J, Best N G, Carlin B P, et al. 2002. Bayesian measures of model complexity and fit[J]. Journal of the Royal Statistical Society, 64（4）: 583-639.

Sprugel D G. 1983. Correcting for Bias in log-transformed allometric equations[J]. Ecology, 64（1）: 209-210.

Standish R J, Hobbs R J, Mayfield M M, et al. 2014. Resilience in ecology: abstraction distraction or where the action is? [J]. Biological Conservation, 177: 43-51.

Stevenson J. 2014. Ecological assessments with algae: a review and synthesis[J]. Journal of Phycology, 50（3）: 437-461.

Stow C A, Cha Y. 2013. Are chlorophyll a-total phosphorus correlations useful for inference and prediction? [J]. Environmental Science and Technology, 47: 3768-3773.

Stow C A, Roessler C, Borsuk M E, et al. 2003. Comparison of estuarine water quality models for total maximum daily load development in Neuse River Estuary[J]. Journal of Water Resources Planning and Management, 129: 307-314.

Stow C A, Cha Y, Johnson L T, et al. 2015. Long-term and seasonal trend decomposition of Maumee River nutrient inputs to western Lake Erie[J]. Environmental Science and Technology, 49（6）: 3392-3400.

Suding K N, Hobbs R J. 2009. Threshold models in restoration and conservation: a developing framework[J]. Trends in Ecology and Evolution, 24（5）: 271-279.

Suzuki S N, Kachi N, Suzuki J I. 2009. Changes in variance components of forest structure along a chronosequence in a wave-regenerated forest[J]. Ecological Research, 24（6）: 1371-1379.

Svirezhev Y M. 2008. Nonlinearities in mathematical ecology: phenomena and models: would we live in Volterra's world? [J] .Ecological Modelling, 216（2）: 89-101.

Tao T, Xin K L. 2014. Public health: a sustainable plan for China's drinking water[J]. Nature, 511（7511）: 527-528.

Teng Y G, Wu J, Lu S J, et al. 2014. Soil and soil environmental quality monitoring in China: a review[J]. Environment International, 69: 177-199.

Thompson R M, King A J, Kingsford R M, et al. 2017. Legacies lags and long-term trends: effective flow restoration in a changed and changing world[J]. Freshwater Biology, 63: 1-10.

Todman L C, Fraser F C, Corstanje R, et al. 2016. Defining and quantifying the resilience of responses to disturbance: a conceptual and modelling approach from soil science[J]. Scientific

Reports，6：28426.

Toms J D，Lesperance M L. 2003. Piecewise regression: a tool for identifying ecological thresholds[J]. Ecology，84（8）：2034-2041.

Tukey J W. 1960. Conclusions vs decisions[J]. Technometrics，2（4）：423-433.

US EPA. 1976. Quality criteria for water（EPA Red Book）[S]. Washington D C.

US EPA . 1991. Guidance for water-quality-based decisions: the TMDL process[R]. Office of Water.

US EPA. 1998. National Strategy for the Development of Regional Nutrient Criteria[R]. Office of Water.

van Meter K J，Basu N B. 2017. Time lags in watershed-scale nutrient transport: an exploration of dominant controls[J]. Environmental Research Letters，12（8）：084017.

Vassiljev A，Blinova I，Ennet P. 2008. Source apportionment of nutrients in Estonian rivers[J]. Desalination，226（1-3）：222-230.

Vehtari A，Gelman A，Gabry J. 2017. Practical Bayesian model evaluation using leave-one-out cross-validation and WAIC[J]. Statistics and Computing，27（5）：1413-1432.

Vehtari A，Mononen T，Tolvanen V，et al. 2016. Bayesian leave-one-out cross validation approximations for gaussian latent variable models[J]. Journal of Machine Learning Research，17：3581-3618.

Verma S，Bhattarai R，Bosch N S，et al. 2015. Climate change impacts on flow sediment and nutrient export in a great lakes watershed using SWAT[J]. Clean-Soil Air Water，43（11）：1464-1474.

Vighi M，Finizio A，Villa S. 2006. The evolution of the environmental quality concept: from the US EPA red book to the European Water Framework Directive[J]. Environmental Science and Pollution Research，13（1）：9-14.

Wagenhoff A，Liess A，Pastor A，et al. 2017. Thresholds in ecosystem structural and functional responses to agricultural stressors can inform limit setting in streams[J]. Freshwater Science，36（1）：178-194.

Wainger L A. 2012. Opportunities for reducing total maximum daily load（TMDL）compliance costs: lessons from the Chesapeake Bay[J]. Environmental Science and Technology，46（17）：9256-9265.

Wan Y S，Wan L，Li Y C，et al. 2017. Decadal and seasonal trends of nutrient concentration and export from highly managed coastal catchments[J]. Water Research，115：180-194.

Wang X P，Zhang F，Ding J L. 2017. Evaluation of water quality based on a machine learning algorithm and water quality index for the Ebinur Lake Watershed，China[J]. Scientific Reports，7（1）：12858.

Wang Z，Zou R，Zhu X，et al. 2014. Predicting lake water quality responses to load reduction: a three-dimensional modeling approach for total maximum daily load[J]. International Journal of Environmental Science and Technology，11（2）：423-436.

Wang Y X，Wilson J M，VanBriesen J M. 2015. The effect of sampling strategies on assessment of water quality criteria attainment[J]. Journal of Environmental Management，154：33-39.

White M J，Storm D E，Busteed P，et al. 2010. Evaluating conservation program success with Landsat and SWAT[J]. Environmental Management，45（5）：1164-1174.

Whiting P J. 2006. Estimating TMDL background suspended sediment loading to great lakes tributaries from existing data[J]. Journal of the American Water Resources Association, 42 (3): 769-776.

Wickham J D, Riitters K H, Wade T G, et al. 2005. Evaluating the relative roles of ecological regions and land-cover composition for guiding establishment of nutrient criteria[J]. Landscape Ecology, 20 (7): 791-798.

Wu P Y, Mengersen K, Mcmahon K, et al. 2017. Timing anthropogenic stressors to mitigate their impact on marine ecosystem resilience[J]. Nature Communications, 8 (1): 1263.

Wu Z, Liu Y, Liang Z Y, et al. 2017. Internal cycling, not external loading, decides the nutrient limitation in eutrophic lake: a dynamic model with temporal Bayesian hierarchical inference[J]. Water Research, 116: 231-240.

Xia Y Q, Weller D E, Williams M N, et al. 2016. Using Bayesian hierarchical models to better understand nitrate sources and sinks in agricultural watersheds[J]. Water Research, 105: 527-539.

Xiao W P, Liu X, Irwin A J, et al. 2018. Warming and eutrophication combine to restructure diatoms and dinoflagellates[J]. Water Research, 128: 206-216.

Xu Y Y, Schroth A W, Isles P D F, et al. 2015. Quantile regression improves models of lake eutrophication with implications for ecosystem-specific management[J]. Freshwater Biology, 60 (9): 1841-1853.

Yan C A, Zhang W C, Zhang Z J, et al. 2015. Assessment of water quality and identification of polluted risky regions based on field observations and GIS in the Honghe River Watershed China[J]. Plos One, 10 (3): e0119130.

Yang G X, Best E P H, Whiteaker T, et al. 2014. A screening-level modeling approach to estimate nitrogen loading and standard exceedance risk, with application to the Tippecanoe River watershed Indiana[J]. Journal of Environmental Management, 135: 1-10.

Yang Y H, Zhou F, Guo H C, et al. 2010. Analysis of spatial and temporal water pollution patterns in Lake Dianchi using multivariate statistical methods[J]. Environmental Monitoring and Assessment, 170 (1-4): 407-416.

Yang Y S, Wang L. 2010. A review of modelling tools for implementation of the EU Water Framework Directive in handling diffuse water pollution[J]. Water Resources Management, 24: 1819-1843.

Ye K Y, Smith E P. 2002. A Bayesian approach to evaluating site impairment[J]. Environmental and Ecological Statistics, 9 (4): 379-392.

Yuan L L, Pollard A I. 2017. Using national-scale data to develop nutrient-microcystin relationships that guide management decisions[J]. Environmental Science and Technology, 51 (12): 6972-6980.

Yuan L L, Pollard A I, Pather S, et al. 2014. Managing microcystin: identifying national-scale thresholds for total nitrogen and chlorophyll a[J]. Freshwater Biology, 59 (9): 1970-1981.

Zamparas M, Zacharias I. 2014. Restoration of eutrophic freshwater by managing internal nutrient loads: a review[J]. Science of the Total Environment, 496: 551-562.

Zhang H X, Yu S L. 2004. Applying the first-order error analysis in determining the margin of safety for total maximum daily load computations[J]. Journal of Environmental Engineering-Asce, 130

（6）：664-673.

Zhang Y L，Huo S L，Li R H，et al. 2016a. Diatom taxa and assemblages for establishing nutrient criteria of lakes with anthropogenic hydrologic alteration[J]. Ecological Indicators，67：166-173.

Zhang Y L，Huo S L，Xi B D，et al. 2016b. Establishing nutrient criteria in nine typical lakes in China：a conceptual model[J]. Clean-Soil Air Water，44（10）：1335-1344.

Zhao L，Zhang X L，Liu Y，et al. 2012. Three-dimensional hydrodynamic and water quality model for TMDL development of Lake Fuxian，China[J]. Journal of Environmental Sciences，24（8）：1355-1363.

Zhao L，Li Y Z，Zou R，et al. 2013. A three-dimensional water quality modeling approach for exploring the eutrophication responses to load reduction scenarios in Lake Yilong（China）[J]. Environmental Pollution，177：13-21.

Zhou Y T，Michalak A M，Beletsky D，et al. 2015. Record-breaking Lake Erie hypoxia during 2012 drought[J]. Environmental Science and Technology，49（2）：800.

Zhou Y Q，Ma J R，Zhang Y L，et al. 2017. Improving water quality in China：environmental investment pays dividends[J]. Water Research，118：152-159.

Zou R，Riverson J，Liu Y，et al. 2015. Enhanced nonlinearity interval mapping scheme for high-performance simulation-optimization of watershed-scale BMP placement[J]. Water Resources Research，51（3）：1831-1845.

Zou R，Wu Z，Zhao L，et al. 2018. Understanding load reduction induced nutrient mass and flux responses in a eutrophic lake：a numerical tracking approach[J]. Limnology and Oceanography，（under review）.

附录　异龙湖 TP 和 Chla 浓度突变点模型

为分析异龙湖 TP 和 Chla 浓度的突变特征，收集 2004～2016 年的水质监测数据，监测频次为每月一次，总计有 $12 \times 13 = 156$ 组监测数据，分别建立含有 1 个、2 个和 3 个突变点的模型。

（1）含有 1 个突变点的模型（CP1）：

$$y_i \sim N(b_{L_i}, \sigma^2)$$

$$L_i = \begin{cases} 1, & i < p \\ 2, & i \geqslant p \end{cases}$$

式中，y_i 为对数变换后某月的 TP 或 Chla 浓度；L_i 为突变点标识；p 为突变点。

（2）含有 2 个突变点的模型（CP2）：

$$y_i \sim N(b_{L_i}, \sigma^2)$$

$$L_i = \begin{cases} 1, & i < p_1 \\ 2, & p_1 \leqslant i < p_2 \\ 3, & i \geqslant p_2 \end{cases}$$

式中，y_i 为对数变换后的 TP 或 Chla 浓度；L_i 为突变点标识；p_1 和 p_2 为突变点，满足 $p_1 < p_2$。

（3）含有 3 个突变点的模型（CP3）：

$$y_i \sim N(b_{L_i}, \sigma^2)$$

$$L_i = \begin{cases} 1, & i < p_1 \\ 2, & p_1 \leqslant i < p_2 \\ 3, & p_2 \leqslant i < p_3 \\ 4, & i \geqslant p_3 \end{cases}$$

式中，y_i 为对数变换后的 TP 或 Chla 浓度；L_i 为突变点标识；p_1、p_2、p_3 为突变点，满足 $p_1 < p_2 < p_3$。

采用 R 软件（版本 R x64 3.4.3）调用 JAGS（版本 JAGS 4.3.0）进行 MCMC 抽样，获得参数的后验分布。共设定 3 条链，每条链迭代 200000 次，前 100000 次用于预热，后 100000 次用于抽取参数的后验分布。采用 R_hat 统计量保证链的收敛（R_hat<1.1）。

附　　表

附表 1　各个生态分区湖泊响应关系的参数估计结果

生态分区	ID	参数	平均值	标准差	分位数/%					R_hat
					2.5	25	50	75	97.5	
5	5733	α_1	−0.6	0.95	−2.48	−1.24	−0.6	0.04	1.25	1
	6060	α_2	−1.39	1.28	−3.9	−2.25	−1.4	−0.53	1.12	1
	6192	α_3	0.41	0.6	−0.78	0	0.41	0.82	1.59	1
	28836	α_4	−0.44	0.65	−1.72	−0.88	−0.44	0	0.84	1
	36121	α_5	−1.45	1.3	−3.99	−2.32	−1.45	−0.57	1.09	1
	38285	α_6	−0.51	0.9	−2.27	−1.12	−0.51	0.1	1.25	1
	45620	α_7	−2.34	0.86	−4.03	−2.91	−2.34	−1.75	−0.65	1
	136311	α_8	−0.74	0.73	−2.16	−1.23	−0.74	−0.25	0.69	1
	5733	β_1	1.04	0.24	0.57	0.88	1.04	1.19	1.5	1
	6060	β_2	1.3	0.37	0.57	1.05	1.3	1.55	2.03	1
	6192	β_3	0.7	0.13	0.46	0.62	0.7	0.79	0.95	1
	28836	β_4	0.9	0.15	0.6	0.8	0.9	1	1.19	1
	36121	β_5	1.31	0.33	0.67	1.09	1.31	1.53	1.95	1
	38285	β_6	0.93	0.22	0.5	0.79	0.93	1.08	1.36	1
	45620	β_7	1.4	0.2	1.01	1.26	1.4	1.53	1.79	1
	136311	β_8	1.06	0.17	0.72	0.94	1.06	1.17	1.38	1
		σ	0.38	0.02	0.35	0.37	0.38	0.39	0.42	1
10	4405	α_1	0.25	1.02	−1.74	−0.43	0.25	0.93	2.24	1
	4533	α_2	0.47	0.84	−1.18	−0.1	0.47	1.03	2.12	1
	4951	α_3	−1.4	1.02	−3.4	−2.09	−1.4	−0.72	0.6	1
	5058	α_4	0.31	0.94	−1.55	−0.33	0.3	0.94	2.16	1
	5110	α_5	0.85	1.29	−1.69	−0.02	0.85	1.71	3.38	1
	5432	α_6	−1.64	0.69	−3	−2.1	−1.64	−1.17	−0.28	1
	4405	β_1	0.87	0.22	0.43	0.72	0.87	1.02	1.3	1
	4533	β_2	0.67	0.21	0.25	0.53	0.67	0.81	1.08	1
	4951	β_3	1.24	0.26	0.73	1.07	1.24	1.41	1.74	1
	5058	β_4	0.87	0.27	0.34	0.69	0.87	1.05	1.4	1

生态分区	ID	参数	平均值	标准差	分位数/%					R_hat
					2.5	25	50	75	97.5	
10	5110	β_5	0.65	0.34	−0.01	0.42	0.65	0.87	1.31	1
	5432	β_6	1.27	0.17	0.93	1.16	1.27	1.39	1.62	1
		σ	0.37	0.02	0.33	0.36	0.37	0.39	0.42	1
44	6202	α_1	−1.96	0.59	−3.13	−2.36	−1.97	−1.57	−0.81	1
	15979	α_2	−2	0.74	−3.47	−2.5	−2	−1.5	−0.54	1
	73287	α_3	−3.78	0.64	−5.03	−4.21	−3.78	−3.35	−2.54	1
	86932	α_4	−0.48	0.76	−1.97	−0.99	−0.48	0.04	1.01	1
	107503	α_5	−2.84	1.04	−4.88	−3.54	−2.85	−2.14	−0.8	1
	133500	α_6	−0.04	1.07	−2.13	−0.76	−0.04	0.68	2.05	1
	134511	α_7	−1.1	0.82	−2.71	−1.65	−1.1	−0.55	0.51	1
	6202	β_1	1.3	0.16	0.99	1.19	1.3	1.41	1.61	1
	15979	β_2	1.36	0.2	0.97	1.23	1.36	1.5	1.76	1
	73287	β_3	1.72	0.15	1.42	1.61	1.72	1.82	2.01	1
	86932	β_4	0.93	0.19	0.56	0.8	0.93	1.06	1.3	1
	107503	β_5	1.54	0.23	1.08	1.39	1.54	1.7	2	1
	133500	β_6	0.96	0.22	0.52	0.81	0.96	1.11	1.4	1
	134511	β_7	1.1	0.19	0.73	0.97	1.1	1.23	1.48	1
		σ	0.41	0.02	0.38	0.4	0.41	0.42	0.45	1
68	620	α_1	−0.72	0.7	−2.09	−1.18	−0.72	−0.25	0.65	1
	1436	α_2	−3.12	1.31	−5.68	−4.01	−3.13	−2.24	−0.55	1
	4271	α_3	−1.81	0.91	−3.6	−2.43	−1.82	−1.2	−0.04	1
	4294	α_4	1	1.57	−2.09	−0.06	0.99	2.05	4.08	1
	4338	α_5	−0.36	0.54	−1.43	−0.73	−0.36	0	0.71	1
	4427	α_6	−1.21	0.71	−2.6	−1.69	−1.21	−0.73	0.18	1
	4458	α_7	−5.03	1.61	−8.2	−6.12	−5.03	−3.94	−1.86	1
	4515	α_8	−1.64	0.92	−3.45	−2.27	−1.64	−1.02	0.17	1
	5017	α_9	−0.58	0.82	−2.19	−1.14	−0.58	−0.02	1.04	1
	5085	α_{10}	−1.56	0.8	−3.13	−2.1	−1.56	−1.02	0.01	1
	5120	α_{11}	0.93	1.04	−1.1	0.23	0.94	1.63	2.96	1
	5211	α_{12}	−1.74	1.65	−4.97	−2.84	−1.74	−0.63	1.48	1
	5328	α_{13}	−3.51	1.2	−5.86	−4.31	−3.51	−2.7	−1.15	1
	620	β_1	0.92	0.15	0.61	0.81	0.92	1.02	1.22	1
	1436	β_2	1.86	0.4	1.07	1.59	1.86	2.13	2.64	1
	4271	β_3	1.27	0.25	0.78	1.1	1.27	1.44	1.76	1

| 生态分区 | ID | 参数 | 平均值 | 标准差 | 分位数/% | | | | | R_hat |
					2.5	25	50	75	97.5	
	4294	β_4	0.6	0.45	−0.27	0.3	0.6	0.9	1.48	1
	4338	β_5	0.91	0.15	0.62	0.81	0.91	1.01	1.2	1
	4427	β_6	1.15	0.19	0.78	1.02	1.15	1.28	1.52	1
	4458	β_7	2.3	0.46	1.39	1.98	2.3	2.61	3.2	1
	4515	β_8	1.3	0.24	0.84	1.14	1.3	1.46	1.77	1
68	5017	β_9	1.03	0.19	0.65	0.9	1.03	1.16	1.4	1
	5085	β_{10}	1.29	0.21	0.88	1.15	1.29	1.44	1.71	1
	5120	β_{11}	0.63	0.27	0.1	0.44	0.63	0.81	1.16	1
	5211	β_{12}	1.51	0.52	0.49	1.16	1.51	1.86	2.54	1
	5328	β_{13}	1.55	0.28	0.99	1.36	1.55	1.74	2.1	1
		σ	0.48	0.02	0.44	0.47	0.48	0.49	0.52	1

附表 2　不同生态分区不同类别湖泊响应关系的参数估计结果

| 生态分区 | 类别 | 参数 | 平均值 | 标准差 | 分位数/% | | | | | R_hat |
					2.5	25	50	75	97.5	
	5_1	α_1	−0.94	0.44	−1.8	−1.24	−0.94	−0.65	−0.09	1
	5_2	α_2	0.12	0.33	−0.52	−0.1	0.12	0.34	0.76	1
	5_3	α_3	−1.34	0.56	−2.44	−1.72	−1.34	−0.97	−0.25	1
5	5_1	β_1	1.1	0.1	0.9	1.03	1.1	1.17	1.31	1
	5_2	β_2	0.77	0.07	0.63	0.72	0.77	0.82	0.91	1
	5_3	β_3	1.28	0.15	0.99	1.18	1.28	1.38	1.58	1
		σ	0.38	0.02	0.35	0.37	0.38	0.39	0.42	1
	10_1	α_1	−0.21	0.32	−0.84	−0.43	−0.21	0.01	0.42	1
	10_2	α_2	0.47	0.89	−1.27	−0.13	0.47	1.07	2.21	1
10	10_1	β_1	0.95	0.08	0.78	0.89	0.95	1	1.11	1
	10_2	β_2	0.67	0.22	0.23	0.52	0.67	0.81	1.1	1
		σ	0.39	0.02	0.35	0.37	0.39	0.4	0.44	1
	44_1	α_1	−1.92	0.24	−2.4	−2.08	−1.92	−1.76	−1.44	1
44	44_2	α_2	−0.04	1.11	−2.21	−0.79	−0.04	0.71	2.13	1
	44_1	β_1	1.3	0.06	1.19	1.26	1.3	1.35	1.42	1

续表

生态分区	类别	参数	平均值	标准差	分位数/%					R_hat
					2.5	25	50	75	97.5	
44	44_2	β_2	0.96	0.23	0.51	0.81	0.96	1.12	1.42	1
		σ	0.42	0.02	0.39	0.41	0.42	0.44	0.46	1
	68_1	α_1	−0.72	0.72	−2.13	−1.2	−0.72	−0.23	0.69	1
	68_2	α_2	−0.92	0.27	−1.44	−1.1	−0.93	−0.74	−0.4	1
	68_3	α_3	−3.5	1.24	−5.93	−4.34	−3.5	−2.67	−1.06	1
	68_4	α_4	−1.75	0.78	−3.27	−2.28	−1.75	−1.22	−0.22	1
68	68_1	β_1	0.92	0.16	0.6	0.81	0.92	1.02	1.23	1
	68_2	β_2	1.1	0.07	0.96	1.05	1.1	1.14	1.23	1
	68_3	β_3	1.55	0.29	0.97	1.35	1.55	1.74	2.12	1
	68_4	β_4	1.43	0.24	0.96	1.27	1.43	1.58	1.88	1
		σ	0.5	0.02	0.46	0.48	0.49	0.51	0.54	1

附表3　区域性响应关系的参数估计结果

生态分区	参数	平均值	标准差	分位数/%					R_hat
				2.5	25	50	75	97.5	
	α_0	0.64	0.22	0.21	0.49	0.64	0.79	1.08	1
5	β_0	0.7	0.05	0.59	0.66	0.7	0.73	0.8	1
	σ_0	0.44	0.02	0.4	0.42	0.44	0.45	0.48	1
	α_0	−0.04	0.33	−0.7	−0.27	−0.04	0.18	0.62	1
10	β_0	0.88	0.08	0.71	0.82	0.88	0.94	1.05	1
	σ_0	0.43	0.03	0.38	0.41	0.43	0.44	0.48	1
	α_0	−2.19	0.21	−2.61	−2.34	−2.19	−2.05	−1.78	1
44	β_0	1.38	0.05	1.28	1.35	1.38	1.42	1.48	1
	σ_0	0.43	0.02	0.4	0.42	0.43	0.45	0.47	1
	α_0	−0.05	0.22	−0.48	−0.2	−0.05	0.09	0.37	1
68	β_0	0.85	0.06	0.74	0.81	0.85	0.89	0.96	1
	σ_0	0.55	0.02	0.51	0.54	0.55	0.57	0.60	1

彩 图

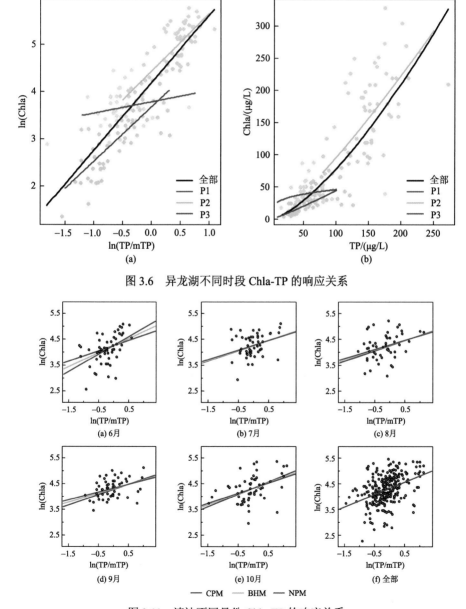

图 3.6 异龙湖不同时段 Chla-TP 的响应关系

图 3.11 滇池不同月份 Chla-TP 的响应关系

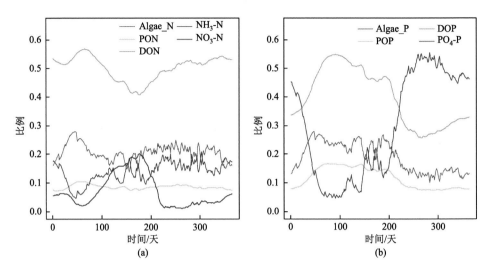

图 4.12 基准情景第 6 年营养盐各组分的归一化时间序列

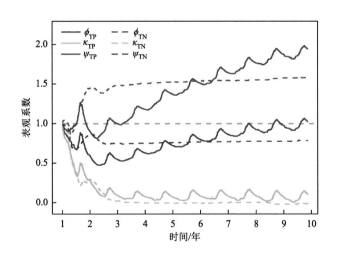

图 4.14 负荷持续 1 年削减 80%的 ϕ、κ 和 ψ